广西红壤

赵其国　黄国勤　主编

中国环境出版社·北京

图书在版编目（CIP）数据

广西红壤/赵其国，黄国勤主编. —北京：中国环境
出版社，2014.1
ISBN 978-7-5111-1691-8

Ⅰ. ①广… Ⅱ. ①赵…②黄… Ⅲ. ①红壤—研
究—广西 Ⅳ. ①S155.2

中国版本图书馆 CIP 数据核字（2013）第 302430 号

出 版 人	王新程
责任编辑	孔 锦
责任校对	尹 芳
封面设计	彭 杉

出版发行　中国环境出版社
　　　　　（100062　北京市东城区广渠门内大街 16 号）
　　　网　　址：http://www.cesp.com.cn
　　　电子邮箱：bjgl@cesp.com.cn
　　　联系电话：010-67112765（编辑管理部）
　　　　　　　　010-67187041（学术著作图书出版中心）
　　　发行热线：010-67125803，010-67113405（传真）

印 刷	北京市联华印刷厂	
经 销	各地新华书店	
版 次	2014 年 2 月第 1 版	
印 次	2014 年 2 月第 1 次印刷	
开 本	787×960　1/16	
印 张	11.5	
字 数	158 千字	
定 价	68.00 元	

保护红壤资源，维护广西生态；
开发红壤资源，发展广西经济。

赵其国
2013年10月25日

赵其国，中国科学院院士，中国科学院南京土壤研究所研究员、博士生导师，著名土壤学家、农学家、生态学家。

前　言

　　我国红壤主要分布于长江以南的广东、海南、广西、云南、贵州、福建、浙江、江西、湖南、台湾 10 个省（区），以及安徽、湖北、江苏、重庆、四川、西藏和上海 7 个省（区、市）的部分区域，总面积 218 万 km²，占全国土地总面积的 21.8%。由于大多地处热带、亚热带湿润气候区，光、热、水资源十分丰富，适宜于种植多种农作物和发展农业生产，上述红壤地区已成为我国重要的农业产区。特别是华南地区的广东、海南、广西、福建等省（区），被誉为"天然大温室，全国菜篮子"。

　　广西是我国南方典型红壤地区之一，又是国家实施西部大开发战略的 12 个省（区、市）之一。近年来，广西农业及经济社会得到了较快发展。

　　为了响应国家西部大开发战略的号召，以实际行动投身建设西部、发展西部的伟大事业之中，近年来在国家自然科学基金重点项目"广西红壤肥力与生态功能协同演变机制与调控"（项目批准号 U1033004）的支持下，中国科学院院士、中国科学院南京土壤研究所研究员赵其国先生带领中国科学院南京土壤研究所、江西农业大学、广西农业科学院、广西大学、中国科学院亚热带农业生态研究所等单位的科技人员，围绕"广西红壤"开展了大量调查和试验研究，《广西红壤》就是其中取得的阶段性成果。

本书共有七章。第一章，概述，对红壤、广西红壤等作了简要介绍，并对全书写作的基本思路作了简述；第二章，广西红壤概况，对广西红壤的成土条件、形成过程、分布规律等进行了较详尽的描述；第三章，广西红壤特征，概括了广西红壤的基本特征、物理特性和化学特性等；第四章，广西红壤肥力，简述了广西红壤肥力及其分布状况；第五章，广西红壤开发利用，对广西红壤资源开发利用的现状及前景进行了分析；第六章，广西红壤退化状况，对广西红壤退化的类型及时空变化状况进行了讨论；第七章，广西红壤可持续发展，提出了广西红壤可持续发展的对策与措施。

全书有一个明显特点：理论联系实际。书中不仅有红壤的一般特性与原理，更有联系广西红壤实际的诸多典型材料和翔实数据，对广西红壤的现状及未来发展趋势进行了较为全面、深入、系统的分析。可以说，本书是红壤领域一部理论与实践相结合的研究著作，值得从事红壤科技、广西农业及其相关工作的同志一读，定将有所裨益。

本书由中国科学院南京土壤研究所赵其国院士、江西农业大学黄国勤教授主编，中国科学院南京土壤研究所、江西农业大学、广西农业科学院、广西大学、中国科学院亚热带农业生态研究所等单位的有关科技人员参加调研和编写。在此，对支持和参加《广西红壤》一书研究和编写工作的所有同志表示感谢！

因时间仓促，书中可能存在不少错误和缺点，希望各位专家和读者多加批评！

主　编

2013 年 9 月 28 日

目　录

第一章　概　述*

第一节　红　壤

红壤为发育于热带和亚热带雨林、季雨林或常绿阔叶林植被下的土壤。其主要特征是缺乏碱金属和碱土金属而富含铁、铝氧化物，呈酸性红色。红壤在中亚热带湿热气候常绿阔叶林植被条件下，发生脱硅富铝过程和生物富集作用，发育成红色，铁铝聚集，酸性，盐基高度不饱和的铁铝土。红壤、黄壤、砖红壤可统称为铁铝性土壤。

一、红壤的特征

一般红壤中四配位和六配位的金属化合物很多，其中包括了铁化合物及铝化合物。红壤铁化合物常包括褐铁矿与赤铁矿等，红壤含赤铁矿特别多。当雨水淋洗时，许多化合物都被洗去，然而氧化铁（铝）最不易溶解（溶解度为10^{-30}），反而会在结晶生成过程中一层层包覆于黏粒外，并形成一个个的粒团，之后亦不易因雨水冲刷而破坏，因此红壤在雨水的淋洗下反而发育构造良好。

＊ 本章作者：黄国勤（江西农业大学）。

红壤是我国中亚热带湿润地区分布的地带性红壤，属中度脱硅富铝化的铁铝土。红壤通常具深厚红色土层，网纹层发育明显，黏土矿物以高岭石为主，酸性，盐基饱和度低。红壤土类划分 5 个亚类，本区分布有 3 个亚类。红壤亚类具有土类典型特征，分布面积最大；黄红壤亚类为向黄壤过渡类型，在本区均分布于山地垂直带，下接红壤亚类，上接黄壤土类；红壤性土亚类是剖面发育较差的红壤类型，主要分布于红壤侵蚀强烈的丘陵山区，江西兴国一带和福建东南部有较多分布。

（1）红壤典型土体构型为：Ah-Bs-Csq 型（q 次生硅积聚层）或 Ah-Bs-Bsv-Csv。

（2）红壤有机质含量通常在 20 g/kg 以下，腐殖质 H/F 为 0.3～0.4，胡敏酸分子结构简单，分散性强，不易絮凝，故红壤结构水稳性差，因富含铁铝氢氧化物胶体，临时性微团聚体较好。

（3）红壤富铝化作用显著，风化程度深，质地较黏重，尤其在第四纪红色黏土上发育的红壤，黏粒可达 40%以上。

（4）红壤呈酸性—强酸性反应，表土与心土 pH 5.0～5.5，底土 pH 4.0；红壤交换性铝可达 2～6 cmol/kg，占潜性酸的 80%甚至 95%以上；盐基饱和度在 40%左右。

（5）黏粒 SiO_2/Al_2O_3 为 2.0～2.4，黏土矿物以高岭石为主，一般可占黏粒总量的 80%～85%，赤铁矿为 5%～10%，少见三水铝石；阳离子交换量不高（15～25 cmol/kg），与氢氧化铁结合的 SO_4^{2-} 或 PO_4^{3-} 可达 100～150 cmol/kg，表现对磷的固定较强。

二、红壤的分布

红壤主要分布于非洲、亚洲、大洋洲及南美洲、北美洲的低纬度地区，大致以南北纬 30°为限，常见于热带雨林区。欧洲特别是在地中海东岸和巴尔干半岛地区也有类似于红壤的土壤存在。东亚地区北起长江沿岸，南抵南海诸岛、南洋群岛，东起台湾省，西至云贵高原及横断山脉的范围为红壤的重要分布地带红壤地区雨量大，降雨集中，有时一次降雨可高达 200～300 mm，当地面覆盖差时，暴雨就造成强烈的水土流失。

中国红壤区的年均温为 15～25℃，大于 10℃年积温为 4 500～9 500℃，最冷月均温为 2～15℃，最热月均温 28～38℃；年雨量为 1 200～2 500 mm；冬季温暖干旱，夏季炎热潮湿，干湿季节明显。红壤是种植柑橘的良好土壤。红壤在中国主要分布于长江以南的低山丘陵区，包括江西、湖南两省的大部分，滇南、湖北的东南部，广东、福建北部及贵州、四川、浙江、安徽、江苏等的一部分，以及西藏南部等地。红壤呈酸性—强酸反应。丘陵红壤一般氮、磷、钾的供应不足，有效态钙、镁的含量也少，硼、钼也很贫乏。并常因缺乏微量元素锌而产生柑橘"花叶"现象。红壤是中国铁铝土纲中位居最北、分布面积最广的土类，总面积 5 690 万 hm²，多在北纬 25°～31° 的中亚热带广大低山丘陵地区。

年平均气温 16～20℃，大于 10℃年积温 5 000～6 500℃，年降水量 800～2 000 mm，干燥度小于 1.0，无霜期 225～350 d，是湿热的海洋季风性典型亚热带气候区。代表性植被为常绿阔叶林，主要由壳斗科、樟科、茶科、冬青、山矾科、木兰科等构成，此外尚有竹类、藤本、蕨类植物。一般低山浅丘多稀树灌丛及禾本科草类，少量为马尾松、杉木和云南松组成的次生林。湘、赣、黔东南有成片人工油茶林分布。

成土母质主要有第四纪红色黏土，第三纪红砂岩、花岗岩、千枚岩、石灰岩、玄武岩等风化物，且较深厚。第四纪红色黏土的四个层段：均质红土层、焦斑层、砾石层、网纹层。

国际上对红壤研究较多，我国第二次土壤普查确定为铁铝土纲中的一个土类，相当于美国土壤诊断分类中高岭湿润老成土（Kandiudult）、强发育湿润老成土（Paleudults）、高岭弱发育湿润老成土（Kanhapludults）。联合国土壤分类中的正常强淋溶土（Orthic Acrisol）。在中国土壤系统分类（修订方案）中部分红壤相当于富铁土。

三、红壤的分类

（一）亚类划分

根据红壤成土条件、附加成土过程、属性及利用特点划分为红壤、棕红壤、黄红壤、山原红壤、红壤性土五个亚类。

（1）红壤。具有红壤土类中心概念及赋予的典型特征，大部分已开垦利用，是红壤地带重要的农林垦殖基地。表土有机质含量一般为 10～15 g/kg，熟化度高的可达 20 g/kg；一般养分含量不高，有效磷极少；pH 在 4.5～5.2；黏重，保水、保肥力强，耕性较差。在中国土壤系统分类（修订方案）中部分红壤相当于湿润富铁土。

（2）棕红壤。分布于中亚热带北部，气候温暖湿润，干湿交替四季分明，是红壤向黄棕壤过渡的一个红壤亚类。上层厚薄不一，主体构型多为 Ah-Bst-Cs 型。A 层暗棕（10YR3/3）至红棕色（5YR6/8）；B 层红棕色，少量铁锰斑，底土有铁锰胶膜；C 层如为红色风化壳可达 1 米至数米，但如为基岩者则较薄。黏土矿物以高岭石为主伴生着水云母；黏粒硅铝率 SiO_2/Al_2O_3 为 2.8～3.0，SiO_2/R_2O_3 为 2.0～2.3，风化淋溶系数（ba 值）0.2～0.4（红壤小于 0.2）；pH 值为 6.0 左右；铁的活化度 30%～70%，盐基饱和度 40%～60%；故而棕红壤的富铝化作用强度不如红壤，但比黄棕壤强。在中国土壤系统分类（修订方案）中部分棕红壤相当于湿润富铁土。

（3）黄红壤。主要分布于红壤带边缘低山丘陵区，在山地垂直带中，上与黄壤相接，下与红壤相连，水分状况比红壤湿润；在较湿热条件下，盐基易淋失，氢铝累积，土呈酸性，pH 为 4.9～5.8，比红壤略低；黄红壤的富铝化发育程度较红壤弱，土体中铁铝量稍低，硅量稍高，黏粒的硅铝率为2.5～3.5；黏粒矿物除高岭石、水云母外，尚有少量蒙脱石，黏粒较红壤低；盐基饱和度和交换性钙镁较红壤低；剖面呈棕色（10YR7/6）或黄棕色（10YR7/8）。在中国土壤系统分类（修订方案）中部分黄红壤相当于湿润富铁土。

（4）山原红壤。分布于云贵高原1 800～2 000 m的高原面上，受古气候和下降气流焚风效应深刻影响，有别于江南丘陵上的红壤。山原红壤土体干燥，土色暗红（2.5 YR4/8），土体内常见铁磐；黏土矿物以高岭石为主伴有三水铝石；黏粒的硅铝率为SiO_2/Al_2O_3 2.2～2.3；pH为5.5～6.0，盐基饱和度70%左右；铁的活化度60%～65%，富铝化程度不如红壤。在中国土壤系统分类（修订方案）中部分山原红壤相当于干润富铁土。

（5）红壤性土。分布于红壤地区低山丘陵，与铁铝质石质土及铁铝质粗骨土组成复区。特点是：土层浅薄，具有A（B）C剖面，色泽较淡，有或无红棕或棕红色薄层（B）层。

（二）土类区分

（1）红壤与黄棕壤的区别。黄棕壤系北亚热带地带性淋溶土，淋溶黏化较红壤明显，但富铝化作用不如红壤强而具弱度富铝化过程。黏粒的SiO_2/Al_2O_3为2.5～3.3，黏土矿物既有高岭石、伊利石，也有少量蒙脱石，pH为5.0～6.7，盐基饱和度为30%～75%。

（2）红壤与黄壤的区别。黄壤比红壤年平均气温低而潮湿，故水化氧化铁和铁活化度较高（10%～25%），土呈黄色（2.5 Y8/6）或橙黄色（2.5 Y7/8），黏土矿物因风化度低，故以蛭石为主，高岭石、水云母次之，有较多的针铁矿、褐铁矿。且有机质含量亦较高（50～100 g/kg）。

第二节 广西与广西红壤

一、广西壮族自治区

广西壮族自治区，简称桂，地处祖国南疆，首府南宁。广西位于中国华南地区西部，南濒北部湾，面向东南亚，西南与越南毗邻，居东经 104°26′～112°04′，北纬 20°54′～26°24′，北回归线横贯全区中部，从东至西分别与广东、湖南、贵州、云南四省接壤。广西是西南地区最便捷的出海通道，在中国与东南亚的经济交往中占有重要地位。区内聚居着壮、汉、瑶、苗、侗等民族，汉语言有粤语、桂柳话、平话等，少数民族的语言有壮语等。广西大陆海岸线长约 1 595 km，拥有丰富的海洋资源，属亚热带季风气候，孕育了大量珍贵的动植物资源，尤其盛产水果，被誉为"水果之乡"。奇特的喀斯特地貌，灿烂的文物古迹，浓郁的民族风情，使广西独具魅力。

二、广西红壤

广西是我国南方红壤分布的区域之一，广西共有红壤面积 1 074.33 万 hm²，占广西土地资源总面积的 66.55%，广西红壤具有类型多、面积大、分布广的特点。

（1）赤红壤。广西地区南亚热带地区的代表性土壤，大致分布在海拔 350 m以下的平原、低丘、台地，有 485.11 万 hm²，其中旱地 26.72 万 hm²，占全区旱地面积的 29.30%，占该类土壤面积的 5.51%。其土地多为林、荒草地，土地开发利用潜力大。成土母质有花岗岩、砂页岩风化物及第四纪红土，土层多在 1 m 以上，土体呈红色，酸度高，pH 值为 4.0～5.2，盐基饱和度多在 10%～30%，土壤有机质 1.50%～2.08%，全氮 0.051%～0.100%，全磷多在 0.025% 左右，钾含量因母质和耕作水平不同而差异很大。

（2）红壤。中亚热带地带性土壤，有显著的脱硅富铝化成土特征，在广西全区有 564.24 万 hm^2。除钦州、北海、防城 3 市外，其他市均有分布。红壤耕地 20.95 万 hm^2，占全区旱地面积的 22.98%，占红壤土地面积的 3.71%。成土母质有花岗岩、砂页岩风化物及第四纪红土。一般土层比较深厚，呈红色、酸性至强酸性反应，pH 值为 4.0～6.0，有机质含量随植被情况而异。

（3）黄棕壤。中亚热带山地垂直分布的土壤，在广西全区共有 8.08 万 hm^2。成土母质有砂页岩及花岗岩，具有较弱的富铝化特征。土壤呈酸性反应，盐基不饱和。整个土体均以棕色为主，土壤疏松肥沃。黄棕壤质地土壤所处海拔较红壤和赤红壤高，日暖夏凉，多露雾。

（4）紫色土。由紫色岩发育的土壤，是母质特征明显、而成土过程标志不十分明显的初育土。主要分布在桂东南、桂南、桂东北和右江南岸及南宁盆地等有紫色岩分布的地区。广西全区有紫色土 88.48 万 hm^2，其中林荒地 85.31 万 hm^2，旱地 3.17 万 hm^2。紫色土一般分布在低丘缓坡，抗蚀性不强，土层浅薄，蓄水量少，渗透性小，易引起严重的土壤侵蚀。紫色土缺乏有机质，保水性差，故农作物经常受旱。耕层 pH 值为 4.5～8.0，有机质 0.72%～2.40%，全氮 0.055%～0.084%，全磷 0.050%～0.087%，全钾 0.50%～2.40%，速效磷 0.5～1.4 mg/kg，速效钾 18～37 mg/kg。

第三节 本书概述

2000 年 10 月，中共十五届五中全会通过《中共中央关于制定国民经济和社会发展第十个五年计划的建议》，把实施西部大开发、促进地区协调发展作为一项战略任务，强调："实施西部大开发战略、加快中西部地区发展，关系经济发展、民族团结、社会稳定，关系地区协调发展和最终实现共同富裕的目标，是实现第三步战略目标的重大举措。"

2001年3月，九届全国人大四次会议通过的《中华人民共和国国民经济和社会发展第十个五年计划纲要》对实施西部大开发战略再次进行了具体部署。实施西部大开发，就是要依托亚欧大陆桥、长江水道、西南出海通道等交通干线，发挥中心城市作用，以线串点，以点带面，逐步形成中国西部有特色的西陇海兰新线、长江上游、南（宁）贵、成昆（明）等跨行政区域的经济带，带动其他地区发展，有步骤、有重点地推进西部大开发。

2006年12月8日，国务院常务会议审议并原则通过《西部大开发"十一五"规划》。目标是努力实现西部地区经济又好又快发展，人民生活水平持续稳定提高，基础设施和生态环境建设取得新突破，重点区域和重点产业的发展达到新水平，教育、卫生等基本公共服务取得新成效，构建社会主义和谐社会迈出扎实步伐。西部大开发总的战略目标是：经过几代人的艰苦奋斗，建成一个经济繁荣、社会进步、生活安定、民族团结、山川秀美、人民富裕的新西部。

广西是国家确定的"西部大开发战略"中的12个省、自治区、直辖市（包括重庆、四川、贵州、云南、西藏自治区、陕西、甘肃、青海、宁夏回族自治区、新疆维吾尔自治区、内蒙古自治区、广西壮族自治区）之一。国家对广西的发展高度重视。2009年12月，国务院发布《国务院关于进一步促进广西经济社会发展的若干意见》（国发[2009]42号），提出了促进广西经济社会发展的战略任务：①打造区域性现代商贸物流基地、先进制造业基地、特色农业基地和信息交流中心；②构筑国际区域经济合作新高地；③培育中国沿海经济发展新的增长极；④建设富裕文明和谐的民族地区。

近年来，随着中国-东盟开创双方合作"黄金十年"的到来及未来进一步发展的前景，广西的区位优势及开发前景将进一步拓展。

为响应国家"西部大开发"的号召，以实际行动推进"西部大开发战略"

的实施，2010 年由中国科学院南京土壤研究所赵其国院士主持申报的国家自然科学基金重点项目"广西红壤肥力与生态功能协同演变机制与调控"（项目批准号：U1033004）获得批准。以该项目为"牵引"，赵其国院士带领项目组成员，围绕"广西红壤"展开调查和分析，并取得阶段性成果——《广西红壤》。

　　本书是一部理论联系实际的区域红壤研究著作。全书既阐述了红壤的一般特性与原理，更突出分析了广西红壤的现状及未来发展趋势，对实施西部大开发战略，促进广西红壤生态系统的可持续发展具有理论与现实意义。值得广西广大干部、科技人员及相关同志一读。

第二章　广西红壤概况[*]

广西壮族自治区处于热带、亚热带的气候条件下，湿热充沛，生物资源丰富，蕴藏着巨大的生产潜力，是我国热带亚热带林木、果树和粮食作物的重要生产基地。目前利用现状是：林业用地面积为 1 319.6 万 hm²，耕地总面积为 261.42 万 hm²，占广西土地总面积的 11.04%。其中：水田为 154.03 万 hm²（保水田为 108.47 万 hm²），占 58.9%；旱地 107.39 万 hm²（水浇地 5.76 万 hm²），占 41.1%。园地面积为 68.15 万 hm²，草地面积 869.9 万 hm²，占全区土地总面积的 36.8%。在红壤分布区内人口相当密集，而又有相当数量的土地没有充分地利用起来。所以开发的潜力是很大的。由于土壤中存在板结、酸性过强、养分不足等各种障碍因素。因此在对红壤的合理利用中，应该充分发挥水热条件的优势，以建立良好生态系统，防止水土流失。并应采取针对性措施，克服瘦、酸、黏等障碍因素，合理开发荒原，因土种植，合理布局，不断提高红壤肥力。

第一节　广西红壤的成土自然条件

广西壮族自治区位于祖国的南疆，西北接云南，北与贵州毗连，东北邻湖

---

[*] 本章作者：谭宏伟（广西农业科学院）。

南，东南与广东接壤，南临北部湾，西南与越南相连，有 500 多 km 的国境线。红壤在各种自然因素如地形、母质、气候、生物以及人类生产活动等综合影响下，随着时间进展演变而成的。因此，在认识红壤时，除了研究人类生产活动对土壤及土壤肥力发展的影响外，还必须研究各自然因素对红壤形成的影响，才能全面了解红壤的形成、发展、分布规律及其肥力特点，为改土、培肥以及合理用土提供科学的措施。

一、地形

广西壮族自治区南起北纬 20°54′（斜阳岛）北至北纬 26°20′，西起东经 104°29′东至东经 112°04′，北回归线横贯中部，所处纬度较低，面积 23 万多 km²，约占全国总面积的 2.46%。现有耕地 261.42 万 hm²，占全区总面积的 11.04%。水田 154.03 万 hm²，占耕地面积的 58.9%，是以水田为主的省（区）。

广西壮族自治区境内山岭绵延，丘陵起伏，石山林立，风景秀丽，素有"八山一水一分田"之称。广西壮族自治区地形，总体来看，它是我国东南丘陵的一部分；大体是西北高，东南低，周围多为山脉环绕。东北部有五岭山脉，海拔一般为 1 100～1 300 m。西北及西部，在自然地势上原属云贵高原的一部分，但因长期侵蚀，地面被切割而支离破碎，海拔多在 800 m 以上。南及西南部属十万大山山系，海拔一般为 800 m。东南有云开大山、大容山等，海拔也在 800 m 左右。全区境内山多，其中以大明山脉、大瑶山脉为主。大明山脉由东兰、都安、马山、武鸣县南下，转向东与经荔浦、蒙山、桂平、贵港南下而西折的大瑶山脉相会于宾阳南部的昆仑关，呈一弧形构造，将广西壮族自治区自然地区分为桂西、桂中、桂东、桂南、桂北等部。上述各山脉多由砂岩、页石及砂页岩构成。在桂东北、桂中、桂西、桂西南有大面积的石灰岩山地，由于长期的溶蚀，形成具有石峰、山林、岩洞、伏流等特殊现象的岩溶地貌（也称喀斯特地形）。特别是桂林附近，奇丽的山峰与曲折清澈的漓江相配合，山秀、水清、石美、洞奇，素有"桂林山水甲天下的"美誉。在桂东及桂东南地区多属丘陵地，其中有较大面积的以花岗岩为主的岩浆岩分布。自南宁以南至钦州一带有较多的紫色岩层（紫色砂、页岩）组成的丘陵或低山。因山脉的间隔和河流的冲刷沉积，全区境内有不少山间盆地、小平原和河流下游的广阔谷地。如南宁、玉林、河池、柳州、贺县等平源盆地和左右江、郁江、柳江、漓江等河流的广谷等。这些平原、盆地、广谷、丘陵地区均属广西壮族自治区主要农业区。

二、气候

广西壮族自治区地处低纬度，南濒热带海洋，北接云贵高原和南岭山地，地热北高南低，受太阳强烈的辐射和夏季风环流的影响，因而广西壮族自治区属亚热带季风气候。年平均温度在 20℃左右，桂北在 20℃以下，桂中在 20～22℃，桂南则高达 22～23℃。较冷的 1—2 月，除北部为 5～10℃外，其余地区平均在 10～15℃。4—10 月，各地平均温度都在 20℃以上。3 月、11 月平均温度，桂北为 10～15℃，其余各地为 14～20℃。霜期除桂北及较高山地均有 8 天霜期外，其余各地均极少霜（最多两天）或无霜。7 月份平均温度多超过 28℃。降水量，全区大部分地区年降水量约为 1 500 mm，桂东北和桂东南可达 2 000 mm。融安、桂林、昭平、上林、防城、钦州是全区几个多雨中心。桂西河谷地区降水量较少，如田东、田阳、百色、扶绥、崇左属少雨区，但也在 1 000 mm 左右。桂北 4—8 月显著多雨，桂南 5—9 月为雨季，每月降水量为 150～200 mm，这期间总降水量占全年降水量的 60%～70%，其余各月显著少雨，旱季月份降水量只有 30～90 mm。根据上述情况，可将广西壮族自治区气候带作下列划分。

（一）中亚热带

年平均气温 17～21℃，≥10℃年积温 5 300～7 000℃（天数 240～300 天），即梧州—昭平—金秀—鹿寨—柳城—罗城—环江—天峨—凤山—凌云经田林西北至德保弯行至靖西的东南部，此线以北为中亚热带。

（二）南亚热带

在中亚热带以南地区，南线至钦州地区南缘。年平均气温 21～22℃，≥10℃年积温 7 500～8 000℃（天数 300～360 天），最冷月均温 10～15℃。这一地区香蕉、木瓜、龙眼、荔枝、杧果、扁桃、菠萝生长良好，木菠萝可一花一熟，红薯可以过冬，橡胶在小环境中可以过冬。

（三）北热带

分布在北海以南，防城南部至涠洲岛、斜阳岛。年平均气温 22.5～23℃，≥10℃年积温 8 000～8 200℃（天数 360 天），最冷月均温 15～19℃，极端最低温 5～6℃，植被为热带季雨林，特种热带经济作物生长良好，木菠萝可二花二熟。[注：习惯上把地球纬度划分为低纬（0°～30°）、中纬（30°～60°）、高纬（60°～90°）广西壮族自治区的纬度大致位于 21°～26°，属低纬。]

这种气候条件，对广西壮族自治区土壤形成影响很大。首先表现在植物生长快，有机质增长量大，但是分解速度也快，故一般土壤有机质含量不高，只有在较高的山地、植被茂密的情况下，土壤表层有机质含量较高，土壤颜色较黑。同时在高温多雨的条件下，岩石矿物风化快而且彻底，经长期作用，盐基硅酸流失，铁铝累积，故在广西壮族自治区广大的丘陵和山地中、下部所分布的第四纪红色黏土、花岗岩、石灰岩、砂页岩等母质上都能形成结壤、赤红壤和砖红壤，土壤呈酸性反应，而且在山区的中、上部湿润区，土壤经常保持湿润，往往形成黄壤。

三、成土母质

母质是形成土壤的基础物质。母质的特性往往会直接影响到土壤的性状和肥力的高低。

红壤分布区的地形以山地丘陵为主，成土母质为各种酸性和基性岩，并以富铝风化壳为主。砖红壤和赤红壤主要分布于丘陵台地及平缓低地，淋溶作用强烈，砖红壤在玄武岩等铁质富铝风化壳上较易发育，赤红壤在花岗岩等硅铝质富铝风化壳上较易发育。红壤多分布在高丘及低山地区，起伏稍大，常见母质为第四纪红色黏土和砂岩等硅铁质和硅质富铝风化壳。黄壤常见于海拔高达 800～1 000 m 的山地上，常见母质为砂岩和花岗岩等硅质和硅铝质富铝风化壳。

广西壮族自治区红壤常见的几种主要成土母质分布情况及其形成土壤的特性如表 2-1 所示。

表 2-1　广西壮族自治区红壤主要成土母质的分布及其对土壤形成的影响

母质种类	主要分布地区	形成土壤的主要特性
石灰岩风化物	南丹—环江，靖西—大新，都安—凤山（峰丛洼地）。桂林—阳朔，柳州—来宾，平果—隆安，龙州—崇左（峰林槽谷）。武宣、黎塘、武鸣、扶绥、钟山、贺县（残峰平原或孤峰溶蚀平原）	土层厚薄不一，质地较黏，透水性较差，凝聚力强，土壤反应中性至微碱性，养分含量不高
花岗岩风化物	桂东南一带、岑溪、苍梧、博白、灵山、武鸣、宾阳、南丹、巴马、平乐、都安、上林、桂东华山、姑婆山、恭城栗木、越城岭苗儿山一带、钟山、桂平、大容山、十万大山、六万大山、云开大山、海洋山、罗城宝坑、融水三防一带、容县、北流、浦北、龙州、凭祥、桂北吉羊山、元宝山	土层深厚，含砂较多，土壤呈酸性反应，含钾较多，其他养分含量较少，土壤疏松，通透性好
砂岩及页岩风化物	桂东北、桂南、桂东南、武鸣、南宁盆地、来宾、宾阳、宁明、桂西南、桂东、桂中、大明山、青龙山、六韶山、隆林、西林	土层较厚，砂岩形成的土壤土质疏松，养分含量较少，页岩形成的土壤土质较黏，养分丰富，土壤多呈酸性

母质种类	主要分布地区	形成土壤的主要特性
河充冲积物及湖相沉积物	大小河流沿岸及湖相、海相平原	湖相沉积层土层厚，质地较黏重，养分含量较丰富，反应呈微酸性、中性至微碱性。河流冲积物，土壤层次厚度变化不大，土壤质地近河床处粗，远离河床者黏重，养分一般含量缺少
第四纪红色黏土	低山丘陵地带，岩溶凹地，滨海沿岸地带，右江、融江、柳江、邕江、郁江、浔江两岸	土层较深厚，质地黏重，酸性强，铁、铝含量多，透水通气差，养分含量缺乏
变质岩风化物	桂北九万大山、元宝山、全州一带、载城岭、都庞岭、海洋山、镇龙山、大瑶山、大明山、大南山、天平山、大苗山、融水西部、罗城北部、融安东部、永福、临桂北部、龙胜	土层一般不厚，土中常夹有关风化物，质地随变质岩种类而异，千枚岩风化物质地黏重，而石英岩、石英砂岩、片麻岩等风化物质地粗松，透水性好，养分一般含量不高
滨海沉积物或可流出口三角洲淤积物	防城、钦州、合浦等地滨海地区	土层厚薄不一，表土黏重，底土偏砂或砂黏相间，稍有结构，含有一定盐分和硫化物，偏酸，有返盐返酸现象，土壤有机质、全氮全磷养分含量较丰富，有效养分不高

四、生物

广西壮族自治区南北跨六个纬度，地势北高南低，北接大陆，南滨海洋，因此，水热条件差异十分明显，有不同的气候带，植被也相应地有一定的地带性分布特点。

（一）中亚热带典型常绿阔叶林

桂北为中亚热带红壤区，植被属亚热带典型常绿阔叶林。其南界自贺县南部信都、昭平、蒙山、金秀、柳城、罗城、环江、天峨、凤山、凌云，再经田林至德保。主要植被土山以壳斗科、茶科、金缕梅科和樟科占优势。人工次生森林有马尾松、杉、毛竹、油茶、油桐等。石山区原生植被为常绿阔叶林与落叶阔叶混交林，树种以青岗栎、朴树、小奕树、化香、黄连木、圆叶乌桕占优势。

（二）南亚热带混生常绿阔叶片

桂北中亚热带红壤区以南，为广西壮族自治区中南部南亚热带赤红壤区。主要植被土山区有厚桂属、琼南属、木贞属、栲属中的喜暖树种如红椎，人工植被有油茶、千年桐、马尾松、玉桂、荫香。广西壮族自治区西部是玉桂和栓皮栎的主要产区，还有云南松。石山区有青岗栎、台湾栲、华南皂荚、麻轧木、砚木、肥牛树。果树有荔枝、龙眼、木瓜、芭蕉、香蕉、番石榴等。

（三）南部北热带季雨润叶林

指桂南边缘地带，为北热带砖红壤地区，常年不见霜冻，气温高、湿度大，原始季雨林多已被破坏，天然植被为板根、茎花现象明显的植物。土山区以大戟科、无患子科、桑科、橄榄科（乌榄）、豆科（凤凰树）、苏木科（格木、苏木、铁刀木）等。石山区有椴树科的砚木、金丝李、擎天树等。果树有木菠萝、杠果、槟榔、大王椰子、油棕等。

（四）滨海红树林灌丛沙荒植被

广西壮族自治区滨海狭长地带沙滩上风大，夏干热，冬暖，地面湿度变化很大，白天沙土上湿度很高，蒸发量常大于降雨量，为松散的沙土或沙壤土，分布着滨海有刺灌丛及沙荒植被。这些旱生型植被根系发达，多为肉汁、有刺或硬叶型植物。

还有滨海泥滩及河流出口处的冲积土上，生长着热带海洋特殊植被红树林，这些地区多为滨海盐渍化沼泽土，含盐分高，适宜红树生长。由于这种植物残体中含硫很高，故久之可使土壤成为强硫酸盐盐土，垦作水稻田后称咸酸田。

（五）中生性灌丛草坡及草地植被

这是极复杂的植被类型，面积很广，丘陵、山地、平原都有分布，若土壤水热条件较好，生长结果使土壤有机质丰富。草本植物可高 50～100 cm，属多年生宿根性种类，有芒箕、五节芒、乌毛蕨、纤毛鸭嘴草、金茅、野古草等。灌丛有桃金娘、岗松、野牡丹。

此外，旱生性灌丛草坡，在温度较高气候干热、降雨丰富而集中，干湿季节明显，土壤干燥、土层薄的地带、植被较矮小，草本植物一般只有 10～50 cm 高，生长稀疏，如龙须草、扭黄茅、一包针、鸡骨草、山芝麻、鹧鸪草、野香茅、画眉草，灌丛有桃金娘。因此，可根据草本植物的类型判断土壤性状，如土层厚，较肥沃，湿度大的土壤生长着蔓生的莠竹、五节芒、乌毛蕨、金茅、鸭嘴草等。而野古草较适应于在较干旱的粗骨性土壤上生长。

广西壮族自治区不同类型植被对成土过程影响极为显著。据测定，常绿阔叶林每年凋落物可达 7 500 kg/hm²（500 kg/亩）以上，针阔林的凋落物每年可达 6 750 kg/hm²（450 kg/亩）以上。而热带季雨阔叶林每年凋落物可达 9 000 kg/hm²（600 kg/亩）以上，对增加土壤有机质和富集物质作用大。目前广西部分山地自然植被保存较好外，大多数丘陵低山平地自然植被已被破坏。土壤有机质含量除自然植被保存较好的土壤含量稍高外，其余土壤如红壤、赤红壤、砖红壤有机质含量均较低。同时，亚热带、热带植物含铝量较高，灰分含量较低，对土壤的淋溶作用促进性大，形成红、黄壤地带性土壤。不同风化壳所发育的土壤，植被类型不同，灰分的积蓄量也各不相同。一般阔叶林灰分含量较高，养分较多，故造林时应尽可能提倡针、阔叶林混交种植，以改善生态环境，提高土壤肥力。

第二节　广西红壤的形成过程、剖面形态、基本性状与诊断特征

受不同成土条件的影响，红壤形成过程的层次均记录这种特性。

一、主要成土过程

由于热带砖红壤区水热条件较赤红壤、红壤高，故而砖红壤进行着强度富铝化与高度生物富集的成土过程。

（一）脱硅富 Fe、Al 化作用

在高温高湿条件下，矿物发生强烈的风化产生大量可溶性的盐基、硅酸、$Fe(OH)_3$、$Al(OH)_3$。在淋溶条件下，盐基和硅酸被不断淋洗进入地下水后流走。由于 $Fe(OH)_3$、$Al(OH)_3$ 的活动性小，发生相对积累，这些积聚的 $Fe(OH)_3$、$Al(OH)_3$ 在干燥条件下发生脱水形成无水的 Fe_2O_3 和 Al_2O_3，红色的赤铁矿使红壤呈现红色，形成富含 Fe、Al 的层次。

高温多雨的气候条件具有充足的能量和动力使土体中原生矿物受到深刻的风化，以致硅酸盐类矿物强烈分解，产生了以高岭石为主的次生黏土矿物和游离氧化物。而分解过程中产生的可溶性产物受到下降的渗透水淋溶而流失，在淋溶初期，水溶液近于中性反应，硅酸和盐基流动性大而淋溶流失多，而铁、铝氧化物因流动性小而相对积累起来，当盐基淋失到一定程度，以致土层上部呈酸性反应时，铁铝氧化物开始溶解而表现出较大流动性。由于土层下部盐基含量较高，酸度较低，以致下移的铁、铝氧化物达到一定深度时即发生凝聚沉淀作用，而且一部分的铁、铝氧化物在旱季还会随毛管水上升到达地表，在炎热干燥的条件下发生不可逆性的凝聚。这种现象的多次发生，遂使上层土壤的

铁铝氧化物愈聚愈多。据研究，我区富铝土，硅的迁移量均在 40%～70%，镁、钾、钠的迁移量一般在 80%～90%，钙几乎接近 100%。铁的富集量 7%～25%，铝达 10%～20%。土壤胶体的硅铝率在 1.5～2.5，富铁铝系数一般均小于 1，土壤胶体铁的游离度为 46%～88%。这些指标反映出我区富铝土的脱硅富铝化作用的一般特点。

砖红壤中硅的迁移量可高达 700 g/kg 左右，钙、镁、钾、钠的迁移量最高可达 1 000 g/kg，而铁的富积量可高达 150 g/kg 左右，铝可达 120 g/kg 左右，铁的游离度红壤为 33%～35%，赤红壤为 53%～57%，砖红壤为 64%～71%。玄武岩发育的砖红壤富铝化作用最强，故称为铁质砖红壤；浅海沉积物发育的称为硅质砖红壤；花岗岩发育的称为硅铝质砖红壤。

热带的砖红壤、南亚热的赤红壤和亚热带的红壤，硅的迁移量分别是 41%～72%，38%～70%，36%～68%，富铁铝系数分别为 0.85±0.16，0.79±0.14，0.51±0.11，土壤胶体的硅铝率，分别为 1.87±0.23，2.01±0.3，2.27±0.27，土壤胶体铁游离度分别为 84.5±40，66.1±60，48.22±2.2。从矿物的组成来看，红壤的特点是伊利石迅速减少，氧化铁矿物显著增多，高岭石化逐渐加强；赤红壤中伊利石所剩无几，以高岭石占绝对优势，三水铝石时隐时现；砖红壤的特点是氧化铁矿物很多，其他矿物与赤红壤无本质区别，仅是数量上的增减，只有基性岩风化壳上的砖红壤才经常伴有不少三水铝石。由此可见，随着水热作用的加强，风化度高的矿物不断增多，铁铝氧化物矿物迅速积累，硅铝率迅速变小。然而黄壤矿物组成较为特殊，除出现高岭石、伊利石外，还有较多的三水铝石。不过，三水铝石不一定是高岭石的分解产物。如果有足够的热量条件而淋溶作用又强也有利于三水铝石的形成。黄壤分布的地形部位较高，又多发育在砂性母质上，淋溶作用较强。这也可能是造成三水铝石较多的原因。

富铝化作用也因母岩的性质而有差别，如玄武岩上发育的红壤或砖红壤，其 SiO_2 和盐基的迁移量要比花岗岩上发育的相应土类高出 30%左右。铁铝的富集作用也较明显。它除了有较强富铝化作用外，还表现出明显的铁质化。富含硅酸盐的石灰岩风化形成的富铝风化壳，其铝的含量较铁质为高，二氧化硅含量相对较低。第四纪红黏土上多形成硅铁质富铝风化壳。花岗岩及浅海沉积母质将分别形成硅铝质及硅质富铝风化壳。脱硅富铝化是一种地球化学过程，它是富铝土形成的基础，它进行于古气候条件下，然而对近代富铝土渗透水的化学组成研究结果表明硅的含量相当高，而铁、铝含量均较低，这说明富铝土在现代生物气候条件下仍然继续进行脱硅富铝化作用。所以富铝土既有古风化壳的残留特征，又承受近代富铝化作用的影响。

（二）旺盛的生物小循环

在亚热带常绿阔叶林下，水热条件优越，植被生长旺盛，生物的小循环作用也十分旺盛。红壤的形成以富铁、铝化过程为基础，生物小循环是肥力发展的前提，这两个过程构成了红壤特殊的形状和剖面特征。

研究表明，在热带雨林下的凋落物干物质每年可高达 11 550 kg/hm²，比温带高 2～3 倍。在大量植物残体中灰分元素占 17%，N 为 1.5%，P_2O_5 为 0.15%，K_2O 为 0.36%，以 11.55 kg/hm² 计，则每年每公顷通过植物吸收的灰分元素达 1 852.5 kg，N 为 162.8 kg，P_2O_5 16.5 kg，K_2O 为 38.3 kg。而热带地区生物归还作用亦最强，其中 N，P，Ca，Mg 的归还率可大于 2.4% 以上。从而表现出"生物复盐基""生物自肥""生物归还率"等在热带最强的生物富集作用。

热带次生林下凋落物（干物质）每年每公顷达 10 200 kg，而温带地区只有 3 750 kg，前者比后者高 2.72 倍。本土壤分布区所生长的植物不只生长量大，而且其残体的转化也极迅速，营养元素的生物小循环周期短，如热带植物残体的年分解率为 57%～78%（以橡胶和芒箕为例），而较北亚热带植物高 1～2 倍。因此，它的生物自肥能力较强。不过这些营养元素不是固定保持在土壤里，而处于不断循环过程中，一旦植被受到破坏，将会引起强烈的水土流失，土壤肥力就会明显下降。以自然植被以森林为主，土壤有机质的表聚性十分明显，腐殖质组成较为简单，活动性较大，以富里酸为主，表土的胡敏酸/富里酸比值一般均在 0.8 以下，心土和底土多在 0.4 以下，富里酸的数均分子量在 680～780，较黑土的富里酸小。在胡敏酸中，以活性胡敏酸占优势（占 75%～95%）。富铝土的腐殖质组成受着生物气候条件的影响，如砖红壤的腐殖质较红壤简单，而且活动性也较大。热带雨林下的砖红壤，其胡敏酸/富里酸比值较竹林下为低，活性胡敏酸则量较高；松芒箕群落下的红壤、砖红壤，其胡敏酸/富里酸比值较相邻的其他植被类型下的同类土壤高。母岩条件也影响着富铝土的腐殖质组成，在同一地区内，发育于石灰性母质的富铝土，胡敏酸/富里酸比值要比毗邻非石灰性母质的富铝土高，而活性胡敏酸含量却显著降低了。富铝土上的植物的灰分含量一般很低，大多在 500～600 g/kg，氮、硫、磷、钙、钠、钾、铁等含量都比钙质土和盐渍土上的植物中含量来得低，而锰的含量略高，铝的含量特别高，一般为 0.5 g/kg 左右，有的在 8 g/kg 以上，这要比钙质土和盐渍土上的植物含铝量高出数倍至百倍。而且在植物分解过程中，鲜叶中含量较多的钙、镁、氮、硫等元素不断淋失，其损失量达 20%～40%，而鲜叶含量较少的铝、铁、硅等则相对累积，在残落物中这类元素比鲜叶增加 4～8 倍，这就加深了对土壤富铝化作用的影响。所以说，脱硅富铝化作用和强烈的生物富集作用是富铝土形成的统一而不可分割的两个过程。

二、剖面形态

红壤如果没有受到侵蚀，土层一般都较深厚，达 2～3 m 以上，层次分异虽不太明显，但仍能划为：腐殖质层（A）、铁铝层（B）和母质或母岩层（C 或 R）。在有良好自然植被覆盖的剖面上还有 2～3 cm 枯枝落叶层（O）。耕作红壤没有枯枝落叶层，但一般都出现结壳，厚薄不一。凡结壳较厚者，其中多半有平行于地表的横向裂隙，使之成层片状结构。各发生层性状分述如下：

O 层：一般在林下有几厘米的枯枝落叶层。

A 层：一般厚 15～30 cm，暗红棕，核状、团粒状结构，疏松多根，有机质含量可达 50 g/kg。也称为腐殖质层，常夹有残落物和碎屑片。有机质含量因生物气候条件和利用方式而异。砖红壤、红壤和黄壤各处于不同的生物气候条件下，本层有机质含量分别为 40.4±14.1 g/kg (±)、43.9±17.8 g/kg (±) 和 66.9±34.3 g/kg (±)。如植被破坏，遭受侵蚀，有机质含量将明显下降，可低至 10 g/kg (±) 以下。在耕作红壤中，各地区的有机质含量不同。

B 层：严格讲砖红壤无淀积层可言，因为 A、B 层原生矿物被高度风化，能溶和可悬移物已淋出土体，此后 A、B 层均属高岭石及部分三水铝石和铁铝氧化物的残体，所以用"B"表示，它形成铁铝聚集层，紧实黏重，呈核状块状结构，结构面上有暗色胶膜，呈砖红或暗红色，厚度数十米不等。也称为铁铝层，该层孔隙较少，小于 0.01 毫米黏粒含量可达 50%～70%，黏土矿物中以 1:1 型（高岭石类）或铁铝氧化物占优势。有铁结核。具有前述所规定的诊断指标。本层底部常因地下水位季节性升降而引起铁质的氧化还原交替作用，可能出现红白色网纹交替的网纹层，有的剖面在网纹中还夹有粗石英颗粒。

C 层：为暗红色风化壳，夹半风化母岩碎块，厚度 1～2 m，剖面整体厚度可达 3～5 m 以上。

常见有玄武岩、玢岩发育的铁质富铝风化壳，石灰岩、白云岩发育的铝质富铝风化壳，浅海沉积物发育的石英质富铝风化壳，第四纪红色黏土发育的硅铁质铁铝风化壳，砂岩、红砂岩发育的硅质铁铝风化壳，某些板页岩发育的钾硅质准铁铝风化壳。

受到新构造运动影响的红壤，往往出现一些特殊剖面，如重叠剖面、埋藏剖面等。红壤若受到侵蚀，则会出现富铝层，甚至网纹层裸露地表的现象。

三、基本性状与诊断特征

诊断红壤是以表现出中度以上富铝化特征的土层为依据。这一诊断层在我国称为铁铝层，它部分相当于美国分类制的氧化层。铁铝层和氧化层在诊断项目和指标上虽然存在若干差异，但均以反映富铝化的强度作为诊断依据。其诊断的主要特征如下述。

（一）中度以上的富铝化作用

表现在于：矿物分解、盐基和二氧化硅淋失作用十分强烈。黏粒矿物组成中以 1∶1 型高岭石类黏土矿物和铁铝氧化物占优势，仅含有少量 2∶1 型蒙脱石类或 2∶1∶1 型铝间层过渡性黏土矿物。矿物风化析出的氧化铁以赤铁矿和针铁矿形式在土壤中产生明显富集；同时，铝离子除进入交换性复合体，招致高度铝饱和外，还以三水铝石形式存在。因此，这一土壤黏粒部分具有较低的阳离子交换量和硅铝分子率。CECpH/黏粒百分数比率，美国土壤分类制中的氧化层规定为小于等于 0.16，我国土壤系统分类铁铝层规定为小于等于 0.24。氧化铁富集，而且铁的游离度增大，具体指标是：游离 Fe_2O_3 ≥20 g/kg $_{(土)}$ 或游离 Fe_2O_3/全 Fe_2O_3≥0.40。

（二）阳离子交换量或硅铝分子率的高低与富铝化作用

例如，有些土壤由于母质中含有较多的云母类矿物，当风化初期云母转变为水云母时，黏粒部分的阳离子交换量可降低至与以高岭石类占优势的土壤一样低；又如，在湿度大的一些土壤中，矿物质淋溶作用非常强烈，风化析出的二氧化硅与盐基同时被淋失，当母质中含云母类矿物较多时，土壤中过剩的铝离子以羟基铝形式进入层状黏土矿物，形成铝间层过渡性矿物，或当母质中含长石类矿物较多时，在风化初期就可能有过剩的铝离子形成三水铝矿，因此，黏粒部分的有效阳离子交换量及硅铝分子率也可以是相当低的。为了区别这些并不是由于真正高度富铝化作用所形成的低阳离子交换量和低硅铝分子率的土壤，或把它们排除在红壤之外，对用以诊断红壤的铁铝层不仅以其黏粒部分阳离子交换量和硅铝分子率作为指标，而且还需就其与脱钾作用相联系的 K_2O 含量作出限定。具体指标：三酸消化分解物组成中 K_2O＜35 g/kg。

（三）铁铝层的厚度

以砖红壤为例：

（1）砖红壤土体构型为：O—A—B—C 型。

O 层：在森林植被下，当年凋落物。

A 层：暗棕红色，团粒结构，无人为破坏下可达 30 cm 左右，疏松。

B 层：棕红色、红色，核状或核块状结构，可达 0.5～1 m，比较紧实，质地较黏，常有 Fe 结核存在。在 B 层以下常有一个由红、黄、白三色交错而成的网状纹，网状纹较坚硬，对植物生长不利。其形成机制尚无定论。

C 层：母质层。淋溶：以溶液的形式从一处迁移到另一处的活动。淋洗：物质被下行水迁移带出整个土体。

（2）热带风化作用极强，砖红壤中原生矿物分解最彻底，盐基淋失最多，硅迁移量最高，铁铝聚集最明显。据海南岛澄迈发育在玄武岩母质上的含量分析结果：钙、镁、钾、钠、氧化物含量都在 7 g/kg 以下，铁铝氧化物可达 170～220 g/kg 和 220～300 g/kg，氧化钛高达 20 g/kg 以上，硅迁移量高达 700 g/kg。

（3）砖红壤黏粒的硅铝率、硅铁铝率最小（为 1.5～1.8，1.1～1.5），黏土矿物 80% 为高岭石，其余为三水铝石和赤铁矿。

（4）土壤质地黏重，黏粒含量多在 50% 以上，且红色风化层可达数米乃至十几米，一般土体厚度多在 3 m 以上。

（5）强酸性反应。pH 为 4.5～5.0，土中铁铝氧化物增加，交换性盐基只有 0.34～2.6 cmol/kg，盐基饱和度多在 20% 以下。

（6）植被茂密的砖红壤表土有机质含量可达 50 g/kg 以上，含氮 1～2 g/kg，但腐殖质品质差，HF 为 0.1～0.4，故不能形成水稳性有机团聚体。阳离子交换量低（小于 10 cmol/kg），速效养分含量低，速效磷极缺。

第三节　广西红壤的地带性分布

广西红壤随着海拔高度及纬度的不同，受成土气候的影响，分布不同的红壤土壤类型。

一、土壤地带性概念

自然界的土壤，由于气候、植被等因素的作用，具有多种多样的类型。然而土壤在空间的分布却服从于一定的地理地带的规律性，这种规律分布称为土壤带。众所周知，由于地球表面自两极至赤道，按纬度不同，接受太阳的能量也不同，表现为有明显的气候地理地带性，与气候因素有密切关系的植被，同样也有明显的地带性。母质、地下水的性质也在极大程度上受气候的影响。由于这些成土因素具有地理地带性。在这些自然条件下发育的土壤也具有地带性。土壤地带性包括土壤水平地带性、垂直地带性和区域地带性。

（一）土壤纬度地带性

土壤纬度地带性又叫土壤水平地带性，是指地球上大面积与纬度平行的土壤带分布。它的形成与热量自赤道向两极逐渐递减密切相关。水平地带性土壤，虽然土壤带大体上符合地理纬度，但由于某些原因，大陆的外形、洋流、风向以及山脉走向和海拔高度等的影响，而使土壤带的分布有时与纬度发生偏差。如我国土壤水平分布，从大范围看可分为内陆带和沿海带。东部沿海水平土壤带略平行于地理纬度，自北向南土壤依次为棕壤、褐土、黄棕壤、黄壤、红壤、赤红壤、砖红壤。广西土壤水平分布大致是桂北以红壤为主；桂中以赤红壤为主；桂南有砖红壤。

（二）土壤经度地带性

土壤经度地带性是指土壤随经度不同而出现变化的土壤分布规律。在类似热量的条件下，由于距离海洋的远近，山脉的走向、风向、降水量、湿度等差异引起土壤类型的差异，从而使土壤分布出现经度地带性。如在东部太平洋沿岸 40°N 左右的暖温带地区，自沿海至内陆的土壤更替顺序是：棕壤—褐土—灰褐土—荒漠土。广西东西差异较小，土壤经度分布规律不显现。

（三）土壤垂直地带性

土壤的垂直地带性是指土壤坠落形高度（山地海拔高度）不同而出现的相适应的土壤分布。这是因为随着山体海拔的增高，在一定限度内，温度随之下降，湿度随之增大，植被也发生相应的改变，这种因山体高度不同，生物、气候发生的变化，必须引起土壤垂直带谱的出现。如地处我国热带的五指山（位于海南省）的土壤垂直带谱是（由下而上）砖红壤—山地砖红壤—山地黄壤—山地黄棕壤—山地灌丛草甸土。位于广西兴安县与资源县交界境内的越城岭主峰苗儿山，最高峰 2 141.5 m。山体母岩为花岗岩，部分为轻度为质岩、板岩。据调查，苗儿山东南坡有六种生物气候带，相应地分布着六种土壤。400 m 以下为丘陵红壤；400～700 m 的丘陵、低山山麓地区，生物气候条件与水平带基本相似，形成山地红黄壤带；在 800～1 800 m 地区土壤受水分影响大，土壤多呈黄色形成山地生草黄壤、森林黄壤带；1 800～2 000 m，形成山地黄棕壤带；2 000 m 以上地区，由于气温低，湿度高，风力大，只生长矮林、灌丛和草甸植被，形成灌丛草甸土带。

（四）土壤的区域性分布

土壤的水平地带性和垂直地带性符合广域（大范围）土壤的分布规律，主要受生物气候因素制约。在此基础上尚有一系列区域性土壤分布。这种区域性土壤是由于地区条件差异而发生的非水平地带性土壤。主要与当地地形、水分、地质条件、成土母质类型以及人为改造地形有关。如广西山地丘陵地区除分布有红壤、赤红壤外，仍相间分布有紫色土，在滨海和河流沿岸有冲积土、滨海盐土的分布，这就是区域性土壤。

二、广西红壤地带性分布

广西由北到南，由于接受太阳的能量不同，致使气候条件、植被类型等成土条件不同，土壤显现出不同的带状分布。桂北为中亚热带地区的土壤，主要为红壤化过程；桂南为南亚热带地区的土壤，主要为砖红壤化过程。

（一）桂北中亚热带红壤、黄壤地带

红壤、黄壤地带位于广西北部，北纬 23.5°～26.5°，北回归线附近为其南界。即贺县信都—藤县太平—上林—马山—百色一线以北地区，包括桂林、柳州、河池三地区及梧州地区的北部，南宁地区上林、马山县的北部，面积约 13 万 km^2，占广西面积的 58.3%。

广西为中亚热带气候，年平均温度 17～21℃，大于等于 10℃，年积温 5 300～7 000℃，1 月平均温度 6～10℃。极端低温 −1～2℃，年雨量 1 500～2 000 mm，由东向西湿度逐渐下降。原生植被以常绿阔叶林为主。地形北部为中山，西部为山原山地，中部为低山、丘陵、平原、峰丛谷地交错。母岩及母质主要有花岗岩、千枚岩、石灰岩、第三纪红砂岩、第四纪红土等。土壤有红壤、石灰性土。

根据广西自然条件，农业生产特点可细分为桂东北中山丘陵红壤、黄壤、棕色石灰土、水稻土区；桂中石山岩溶丘陵盆地红壤、棕色石灰土、水稻区；桂西北山原山地红壤、棕色石灰土区。

（二）桂南南亚热带赤红壤地带

在红壤、黄壤地带以南北纬 23.5°～22°，其南界东起合浦县白沙，公馆、闸口、福成、钦州、华石、那梭、马路以北地区。属南亚热带季风气候，年均温 21～22℃，最冷月均温 12～14℃，极端最低温 0～2℃，大于等于 10℃，年积温 6 500～7 500℃，年雨量 1 300～1 500 mm，干湿季节明显，植被为南亚热带，混生有热带成分的季雨常绿阔叶林。

广西地形复杂，有大面积低山丘陵和台地。母岩和母质类型多，如东面及西面为花岗岩、片麻岩、凝灰熔岩；北部及东南部山地有变质砂页岩及页岩，紫色砂页岩，石灰岩与其他岩石交错出现；地热低的盆地或台地有第四纪红土；河流沿岸有近代冲积母质。地带性土壤为赤红壤，处于红壤向砖红壤过渡地带。山区亦有山地红壤及黄壤，岩溶区有石灰性土壤。

桂南南亚热带赤红壤地带可细分为郁浔河谷平原赤红壤、紫色土、水稻土区；桂南丘陵山地赤红壤、水稻土区；桂南石山丘陵棕色石灰土、赤红壤、水稻土区。

（三）桂南滨海北热带砖红壤带

桂南滨海北热带砖红壤带位于广西最南的滨海区，北纬 22°以南。从合浦县白沙经公馆、包家、钦州的黄屋屯到防城县的那梭、华石、马路一线以南。总面积 458.8 km²，占全区面积的 2%。

本地带为北热带边缘；属海洋性气候，高温多雨。年均温 21～23℃，最高温可超过 30℃以上，1 月份最低温为 12～15℃，极端低温 0.9～3.0℃，大于等于 10℃年积温 7 500～8 265℃。年降雨量 1 400～2 700 mm，雨量分布不均，且蒸发量大，干湿季节明显。原生植被为季雨阔叶林，众多热带珍贵树种可在此种植。本地带土壤为富铝化强的砖红壤，有钦廉丘陵平原砖红壤水稻土区。

第四节 广西红壤的类型及面积

广西红壤主要包括黄壤、红壤、赤红壤和砖红壤四种土壤类型。

一、砖红壤

砖红壤主要分布在北海、钦州、防城港市海拔 100 m 以下的台地、低丘陵及冲积平原等，是广西南部的主要土壤类型之一，总面积 24.98 万 hm²，占全区土壤总面积的 1.55%。主要成土母质有花岗岩、砂页岩、第四纪红土、河流冲积物及浅海沉积物等。砖红壤的成土过程受高温多雨、干湿季节明显的影响，属高度风化的土壤，其土体深厚，呈赤红色，盐基被强烈淋溶，土壤呈酸性至强酸性，阳离子交换量低，为 5 me/100 g $_{(土)}$（me 为毫克当量浓度 1 me=1 mmol/L）左右，盐基饱和度在 35% 以下，土壤保肥能力较差，养分易流失。土壤有机质及氮素含量随植被状况及耕作施肥而异，磷、钾、钙、镁、锰含量均很低，而且其有效性与土壤水分状况有关。

一般都有 2～3 m 的红色风化层，铁铝高度富集，富铁铝系数 0.85±0.16，胶体硅铝率小于 2.0，黏土矿物以高岭石、三水铝石和赤铁矿为主，富铝层较发育，呈暗红色或黄橙色，棱块状结构，有清晰铁胶膜，常见铁结核，甚至出现铁磐层，淋溶作用较强，土壤阳离子交换量 CECpH7/黏粒质量百分数（即黏粒含量）小于 0.05，有效阳离子交换量 ECEC/黏粒质量百分数小于 0.025。

广西砖红壤分布如图 2-1 所示。

广西草地的砖红壤面积零星分布见图 2-2，畜牧养殖种植的牧草有：黑麦草、苜蓿、豌豆、矮象草等。

自然生长的牧草以禾本科草为主，产量低；人工种植公顷产 90 000～

120 000 kg，多用于养牛。

林地的砖红壤面积较大（图 2-3），开垦种植的林木有：速生桉树、马尾松、木马黄、玉桂、八角、橡胶等。

速生桉树 4～6 年轮伐期，每公顷产 75～120 m³。

马尾松 15～20 年轮伐期，每公顷产 150～270 m³。

八角每公顷产 975～1 800 kg。

已开垦为耕地的砖红壤面积 10.23 万 hm²，耕地砖红壤分布如图 2-4 所示；种植的农作物有：水稻、玉米、甘蔗、木薯、大豆、红薯、菠萝、黄红麻、花生、西瓜及各种蔬菜等，果树有荔枝、龙眼、木菠萝、杧果、香蕉等。

优越的光温条件和充沛降水量，有利于农作物的生长，水稻产量一般可达6 750～9 000 kg/hm²，甘蔗产量可达 75 000～90 000 kg/hm²，香蕉产量可达30 000～45 000 kg/hm²，木薯产量可达 30 000～45 000 kg/hm²。

一年四季均适宜各种蔬菜生产，是我国冬季南菜北运的重要生产基地之一。

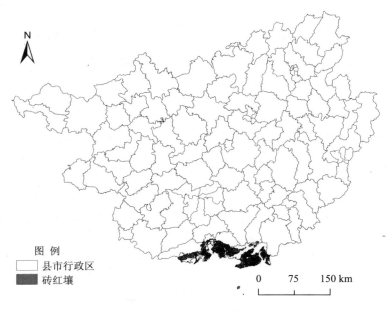

图 2-1　广西砖红壤分布

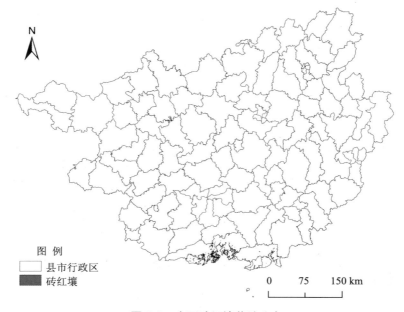

图 2-2 广西砖红壤草地分布

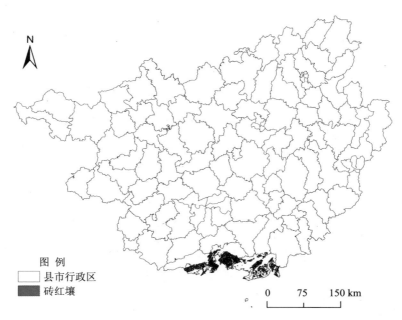

图 2-3 广西砖红壤林地分布

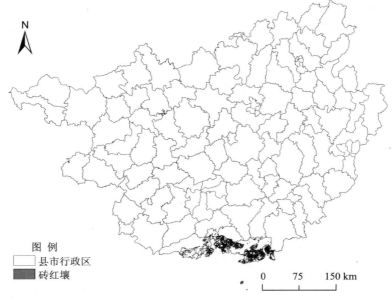

图例
　口 县市行政区
　■ 砖红壤

0　　75　　150 km

图 2-4　广西砖红壤耕地分布

二、赤红壤

　　赤红壤主要分布在南宁、崇左、钦州、防城港、北海、玉林、贵港、梧州市、百色、来宾、河池、贺州等，是广西南亚热带地区的代表性土壤，其面积为 485.1 万 hm²，占全区土壤总面积的 30.05%。主要成土母质有花岗岩、砂页岩及第四纪红土，分布地区的气候具有高热性及常湿润的特点。赤红壤的风化淋溶程度低于砖红壤，土壤矿物风化较强烈，次生矿物以高岭石及三水铝石为主，土壤呈酸性至强酸性，交换性阳离子以氢、铝为主，其中交换性铝占交换酸的77%～95%，盐基高度不饱和，一般在 40% 以下。土壤有机质及全氮含量中等偏低，磷、钾养分含量也不丰富，有效锌、硼、钼的含量也不高，土壤肥力状况与植被及水土保持工作密切相关。

　　其富铝化作用略低于砖红壤而高于红壤，但仍表现出明显的富铝化特征，富铁铝系数为 0.79±0.14，胶体硅铝率小于 2.0，黏土矿物以高岭石为主，并含少量三水铝石和水云母，富铝层呈橙色或亮黄橙色，发育程度较砖红壤弱，淋溶作用也较差。CECpH7/黏粒质量百分数为 0.05～0.15；ECEC/黏粒质量百分数为 0.025～0.09。赤红壤多发育于花岗岩和其他酸性母岩上，所以土壤质地较砖红壤轻。赤红壤分布如图 2-5 所示。

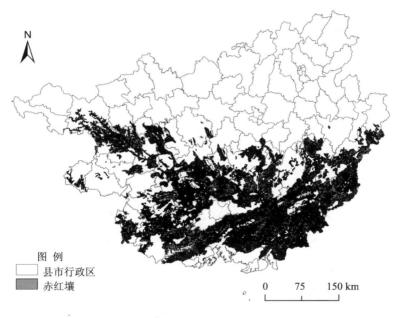

图 2-5　广西赤红壤分布

　　草地的赤红壤面积见图 2-6，以零星分布为主，畜牧养殖种植的牧草有：黑麦草、苜蓿、豌豆、矮象草等。牧草产量一般为 90 000～120 000 kg/hm^2，多用于养牛。

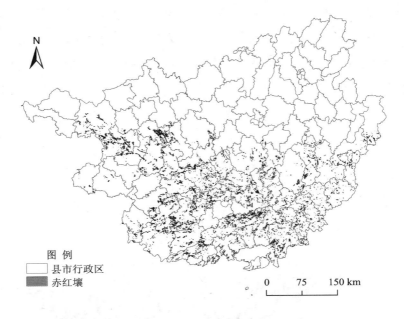

图 2-6　广西赤红壤草地分布

　　林地的赤红壤面积较大（图 2-7），开垦种植的林木有：速生桉树、马尾松、杉木、西南桦、竹、山茶油、玉桂、八角等。

　　近年来，该区域已成为广西速生桉树的主产区，4～6 年一个轮伐期，一般每公顷产 67.5～102.5 m³。

　　近年来，由于桉树用途广泛及应用于各行业，如桉材用作建筑材、家具、农具、薪材、通信电杆、矿柱等，桉花是良好的蜜源，桉叶可提取精油、丹宁、植物生长调节剂和生产饲料添加剂等，树皮可提取黏合剂。所以，桉树的综合利用效益很高。

　　目前，桉材的工业利用价值越来越高，是纸浆、中纤板、胶合板的重要原料。桉树木材纤维较短，但纤维壁薄、胶腔直径大，适于制备文化用纸。用硫酸盐蒸煮或常规漂白，木材白度和强度均较好。不同桉属树种造纸性能也有差异，可以选用合适树种发展。

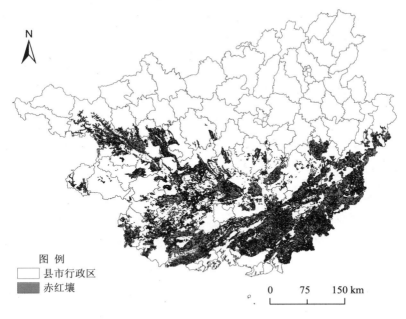

图 2-7 广西赤红壤林地分布

我国的桉油生产始于 1958 年，20 世纪 70 年代后迅速发展，现年产桉油3 000 t，占国际精油市场的 4%。桉油加工后，可生产香茅醛、百里酚、玫瑰油等化合物用于止咳糖、喉片、药皂、清凉油、防冻膏等医药的制备，桉油深加工的产物也用作金属浮选剂、工业溶剂、杀虫剂和杀菌剂生产的添加剂等。

我国从 1981 年开始利用桉油提取植物生产调节剂，现已建立一批植物生长调节剂的生产厂家。从桉油提取的生长调节剂对多种农作物的生长和病虫害防治有良好的效果，并且没有污染和残留毒性，具有很大的应用潜力。

桉叶蒸油后的残渣可用于丹宁混合物的提取。这种混合物在钻井泥浆的凝固、金属的浮选和皮革加工等方面有很好的作用。如把桉叶残渣同 NaOH 和 Na_2SO_3 蒸煮，得到的另一种产物可用作水泥的吸水剂、陶器打磨的添加剂和锅炉的除垢剂等。

桉叶也被用来制备饲料。中国这方面的研究始于 1986 年。用桉叶粉和桉叶提取物饲养生猪，可增重 13%，原因可能在于桉叶所含的多种抗菌物质对病害的防治作用。

为了发挥桉树树皮的利用，已开始从树皮中提取多酚化合物以制备黏合剂。桉树树皮中丹宁含量高达 40%～50%，可以提取鞣料。

桉树人工林的种植不但促进了经济的发展，提高了种植地区人民的生活水平，而且对中国的社会生活也产生了很大的影响。桉树的种植，引入了新的工艺技术，改变了人们的某些思想观念，出现了一些新的社会组织，极大地推动了社会的进步。

桉树林的营造，使得林多木多枝叶多，很多种植地区兴办了石灰窑、砖瓦窑、木材加工厂等，直接增加了当地收入。同时，节省了农村采集薪材的劳动力，使农民有时间发展种植业和养殖业。

由于工业发展和人口剧增，使世界上很多沿海国家海岸区的植被遭到破坏，土壤退化，频繁的气象灾害对农、牧、渔业和人民生命财产造成严重损失。因此，沿海防护林营建具有重要意义。在我国南方海岸线上，有很多防护林是以桉树为主营建的。

桉树生长快，消耗的养分比较多，这是可以理解的，因为地力衰退也发生在其他速生树种上，如我国乡土树种杉木。但是，桉树人工林不一定导致地力退化。应该说，农田的养分消耗是很大的，但几千年的农业耕作并没有导致农田的地力衰退，农田产量越来越高，其原因在于农业经营措施的适当。

对造林前后桉树林地的养分的研究存在一些矛盾的观点。Liani（1959）对 25 年生钟形桉林分的观测表明，林地有机物蓄积达 20.33 kg/m³，比松树高，而 Bernhard-Reversat（1982）对赤桉枯枝落叶的分析表明，枯枝落叶的消失和矿化的程度较慢，在土壤的粉沙黏土部分中，有机物有所减少。具体情况如何，与林地本身的状况及经营措施有关。

当前桉树人工林经营的一个难题是枯枝落叶的移走。林区居民普遍采收林地枯枝落叶用作燃料，使很多养分不能回归土壤。同时，林地裸露，水土流失严重，导致水肥状况逐渐恶化。类似的情况也发生在保水改土能力较好的火力楠和格木林地。

相反，如果保持枯枝落叶在林地（砍伐时树皮能留地更好），情况就不一样。另外，土壤养分的降低可采取林农间种绿肥、营造混交林、科学施肥等措施来改善。

为此，研究桉树营养特征及种植区土壤肥力状况，尤其是微量元素状况，为平衡桉树施肥种植，采取科学的经营方法是可以避免土壤肥力的下降，同时满足社会发展对木材的需求。

已开垦为耕地的砖红壤面积 173.81 万 hm^2，见图 2-8，种植的农作物有：水稻、玉米、甘蔗、木薯、大豆、红薯、菠萝、黄红麻、花生、西瓜及各种蔬菜等，果树有荔枝、龙眼、木菠萝、杧果、香蕉等。

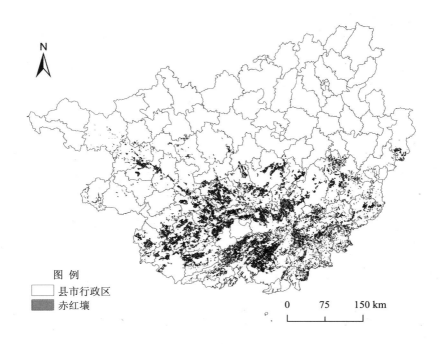

图 2-8　广西赤红壤耕地分布

优越的光温条件和充沛降水量，有利于农作物的生长，水稻产量一般可达 6 750～9 000 kg/hm²，甘蔗产量可达 67 500～120 000 kg/hm²，香蕉产量可达 30 000～45 000 kg/hm²，木薯产量可达 30 000～45 000 kg/hm²。

一年四季均适宜各种农作物生产，是我国冬季南菜北运、木薯淀粉和甘蔗糖的重要生产基地之一，该区域的木薯和甘蔗产量占全区产量的 80% 以上。

三、红壤

红壤除钦州、北海、崇左、玉林、防城港等市外，广西各地市均有分布，大致分布在北纬 24°30′以北的平原、丘陵和低山以及南部赤红壤区的山地海拔为 350～800 m 的地段，全区共有 564.2 万 hm²，占全区土壤总面积的 34.95%，是广西中亚热带的代表土壤。红壤分布区受季风气候控制，具有高温多雨、湿热同季、干湿季节交替的特点。土壤中黏土矿物以高岭石为主，其次为蒙脱石、石英、赤铁矿及水云母，土壤呈酸性至强酸性，盐基饱和度低于 30%，交换性阳离子以氢、铝为主，土壤有机质含量随植被情况有较大差异，磷、钾等矿质养分也有较大差异。

红壤的富铝化作用也很明显，但其强度在红壤中算是较弱的土类。富铝铁系数 0.51±0.11，胶体硅铝率 2.0～2.4。黏土矿物以高岭石、水云母为主，富铝层呈亮红棕色或浊黄棕色。CECpH7/黏粒质量百分数为 0.16～0.23；ECEC/黏粒质量百分数为 0.10～0.14。少见网纹层和铁锰结核，但在第四纪红色黏土上发育的红壤，剖面下部出现网纹层较多，这可能是在古气候条件下所生成的。

草地的红壤面积见图 2-10，以零星分布为主，畜牧养殖种植的牧草有：黑麦草、苜蓿、豌豆、矮象草、紫云英、红花草等。

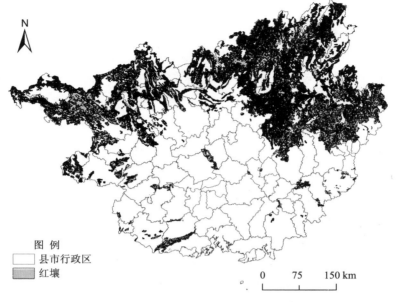

图 2-9　广西红壤分布

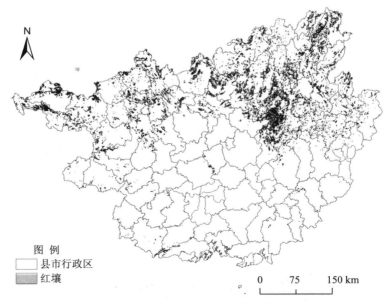

图 2-10　广西红壤草地分布

牧草产量一般为 75 000～135 000 kg/hm²，多用于养牛。

而部分黑麦草、苜蓿、豌豆、紫云英、红花草等多种于冬季稻田，这既能起到发展畜牧养殖，又能培肥地力的作用。

林地的红壤面积较大，开垦种植的林木有：速生桉树、马尾松、杉木、西南桦、竹、山茶油、玉桂、八角、罗汉果等（图 2-11）。

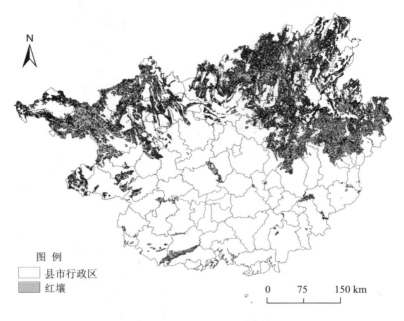

图 例
☐ 县市行政区
▨ 红壤

0　　75　　150 km

图 2-11　广西红壤林地分布

近年来，该区域已成为广西速生桉树、马尾松、杉木、山茶油等的主产区，桉树 4～6 年一个轮伐期，一般每公顷产 67.5～102.5 m³；马尾松、杉木等 15～20 年一个轮伐期，一般每公顷产 177.5～262.5 m³。

特别适宜发展竹、山茶油、罗汉果等生产，其中罗汉果生产占全国的 90%以上。

山油茶是我国特有的油料树种，也是世界四大木本食用油料树种之一。我国山油茶栽培历史已有 2 000 多年，现有山油茶林面积约 333.3 多万 hm²，主要分布在湖南、江西、广西、广东、福建、浙江、安徽、贵州等省（区）。山油茶籽含油量一般在 30% 左右，茶籽经过加工制成的茶油是一种优质食用油，色佳味香，营养丰富，属天然绿色食品，有"东方橄榄油"美誉，其不饱和脂肪酸含量达 94% 左右，易被人体吸收消化，有降低血压、血脂、软化血管等功效，长期食用，能增强人体免疫力，有效降低胆固醇，抑制和预防高血压、冠心病等心脑血管疾病的发生；山茶油经深加工可制成高级护肤化妆品、精油、皂素和茶粕等系列产品；茶饼可生产有机肥、生物农药和机床抛光粉；茶壳可提炼茶碱、拷胶，制造洗发香波等；树干、根部可用作雕刻、砧板和生产生活物品等；山油茶树常绿，开花量大，花香，可作园林观赏树种，也是优良的蜜源。山油茶树经济价值高，且不与粮、棉等农作物争夺耕地，种植开发油茶是山区农村经济发展的一条重要途径。随着我国国民经济的快速发展，社会的不断进步，人们生活水平的大幅度提高，山茶油作为绿色健康食用油，逐渐被人们所认识所接受所喜爱。我国加入 WTO 之后，国内许多食用油品种不同程度地受到市场冲击，但国内茶油价格却逐年攀升，并逐步打入国际市场，为油茶产业迎来一个极好的发展机遇，形成了有竞争力的龙头企业，为油茶的产业化打下良好的基础。因此，发展油茶产业，有利于红壤生态安全，有利于农业产业化经营，有利于农村经济发展和农民增收，对于建设社会主义新农村具有重要意义。

近年广西山茶油发展迅速，做好红壤区山茶油发展规划，是确保红壤合理开发利用的基础，通常栽培山茶油 4～6 年每公顷产油 900～1 500 kg。

已开垦为耕地的红壤面积 107.52 万 hm^2，种植的农作物有：水稻、玉米、甘蔗、木薯、大豆、红薯、黄红麻、花生、桑、芋头、西瓜及各种蔬菜等，果树有月柿、金橘、橙子、柑果、葡萄、沙田柚等。

良好的光温条件和充沛降水量，有利于农作物的生长，水稻产量一般可达 6 750～9 000 kg/hm^2，甘蔗产量可达 52 500～105 000 kg/hm^2，葡萄产量可达 22 500～32 500 kg/hm^2，橙子产量可达 30 000～45 000 kg/hm^2。

一年四季均适宜各种农作物生产，是我国月柿、金橘、橙子、柑果、葡萄、沙田柚等的重要生产基地之一，该区域也是广西重要的粮食生产基地。

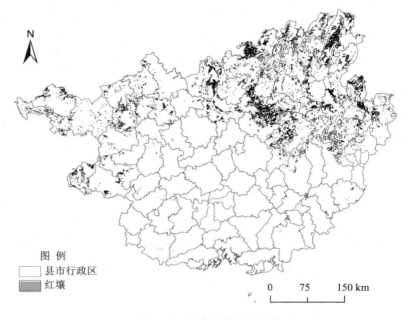

图 2-12 广西红壤耕地分布

四、黄壤

黄壤主要分布于桂西北、桂东北、桂中的海拔为 800~1 400 m 的中山地带，面积为 127.4 万 hm^2，占全区土壤总面积的 7.9%，是在亚热带温暖湿润的生物气候条件下形成的。土壤呈酸性，pH 为 4.5~5.5，交换性盐基以铝为主，盐基饱和度在 30%左右，土壤中的黏土矿物以三水铝石为主。由于所处地日照少、湿度大、云雾多，空气常年湿度为 80%~90%，生物产量高而分解较慢，有机质的累积过程明显，一般土壤中有机质含量为 50~100 g/kg，自然肥力较高。

广泛分布于热带、亚热带山地和高原。黄壤除具有富铝土的一般形成过程外，还因成土环境湿度大，土壤经常保持潮湿，以致有明显的水化作用，铁的化合物以含化合水的针铁矿、褐铁矿和多水氧化铁为主，以亮黄棕色为特征，铁铝层尤为明显。富铝化作用虽较红壤弱，但仍较明显。黏土矿物以蛭石为主，次为高岭石和云母，也有三水铝石出现，但这与砖红壤中的三水铝石的形成有所不同，它不是高岭石进一步分解的产物，而是由母岩中某些原生矿物直接风化而来的。由于三水铝石的存在，富铝化作用虽不及红壤强，但胶体硅铝率还是比较小的，一般在 1.6～1.7。淋溶作用较强，淀积现象较明显，酸度较强，pH 值为 4.5～5.5，有效阳离子交换量和阳离子代换量与红壤相近，但交换性盐基含量很低，表土一般不超过 100 mmol/kg$_{(土)}$，盐基饱和度一般在 10%～30%，剖面中可能出现漂白层或假潜育层。

黄壤分布如图 2-13 所示。

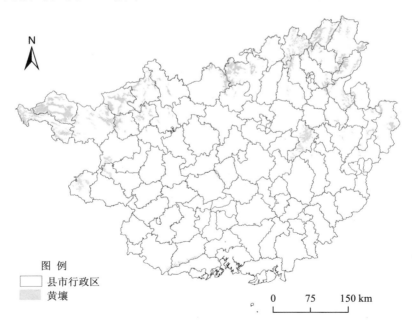

图 2-13 广西黄壤分布

草地的黄壤面积见图 2-14,以零星分布柳州、桂林和河池等市为主,畜牧养殖种植的牧草有:黑麦草、苜蓿、豌豆、矮象草、紫云英、红花草等,但是,由于海拔较高大多数以天然禾本科牧草为主。

牧草产量一般为 45 000～60 000 kg/hm²,多用于养牛和养猪。

而部分黑麦草、苜蓿、豌豆、紫云英、红花草等多种于冬季闲耕地,这既能起到发展畜牧养殖,又能培肥地力的作用。

林地的黄壤面积较大(图 2-15),开垦种植的林木有:马尾松、杉木、西南桦、竹、山茶油、罗汉果等。

近年来,该区域已成为广西马尾松、杉木、竹、山茶油等的主产区,山茶油 4～6 年一般每亩产油 50～70 kg;马尾松、杉木等 15～20 年一个轮伐期,一般每公顷产 182.5～292.5 m³ 木材。

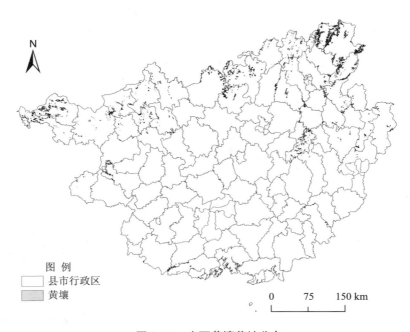

图 例
☐ 县市行政区
▨ 黄壤

0　75　150 km

图 2-14　广西黄壤草地分布

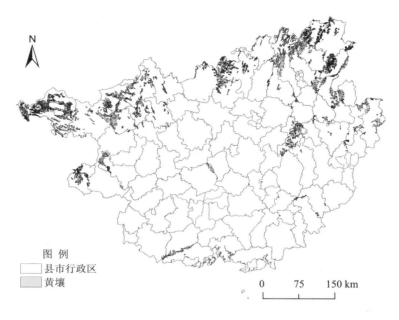

图 2-15 广西黄壤林地分布

杉木喜温湿,不耐旱,忌水渍。适生于温暖湿润,雨量充沛,风速小,雾日多,霜雪少的气候条件,这十分适合于桂北黄壤区。在疏松、深厚、肥沃、湿润、排水良好、酸性或微酸性的黄红壤、黄棕壤上生长良好。瘠薄干燥或过于黏重的土壤,生长较差。低山、中山的山脚、阴坡、谷地等地方为杉木的适生地形;山顶、山脊则相反。

特别适宜发展竹、山茶油、罗汉果等生产。

其生态效益,按每生产一立方米蓄积的森林净吸收二氧化碳(CO_2)0.953 55 t,释放氧气(O_2)0.702 t 计,发展这区域林业生产意义重大。

已开垦为耕地的黄壤面积 31.51 万 hm^2,种植的农作物有:水稻(一季稻)、玉米、大豆、红薯、黄红麻、花生及各种蔬菜等,果树有月柿、金橘、橙子、柑果、葡萄、沙田柚等。

由于海拔较高,耕地分部零星,交通不便,农业生产效率相对较低,水稻产量一般 4 500～6 000 kg/hm²，红薯产量 1 500～18 000 kg/hm²，沙田柚产量 12 000～18 000 kg/hm²，橙子产量 12 000～1 800 kg/hm²。

该区域是马尾松、杉木、竹、山茶油等的主产区，应重视水土保持工作，过度开垦耕地用于农业生产将会导致水土流失。

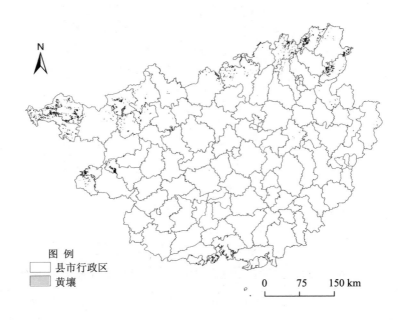

图例
☐ 县市行政区
▨ 黄壤

0　　75　　150 km

图 2-16　广西黄壤耕地分布

第三章　广西红壤特征[*]

广西南北跨度较大，南部濒临北部湾，气候条件差异较大。该区地形复杂，植被类型多样，母质及水文状况各异，造成土壤类型十分丰富，且具有明显的区域分布特征。

广西土壤包含 7 个土纲、10 个亚纲、18 个土类、34 个亚类、109 个土属和 327 个土种，其中铁铝土纲（红壤）包含湿热铁铝土和湿暖铁铝土 2 个亚纲，砖红壤、赤红壤、红壤及黄壤 4 个土类，砖红壤、赤红壤、赤红壤性土、红壤、黄红壤、红壤性土、黄壤、表浅黄壤、漂洗黄壤以及黄壤性土 10 个亚类。

砖红壤土类是在北热带生物气候条件下发育而成，所处地域具有高热常湿润特点，海拔一般在 100 m 以下，其土壤原生矿物已经彻底分解，脱硅富铝化高度发展。赤红壤土类发育于高热性常湿或湿润条件下，分布于海拔 350 m 以下的平原、低丘和台地，脱硅富铝化强度较砖红壤的低，是砖红壤类和红壤之间的过渡类型。红壤土类主要分布于北纬 24.5°以北的丘陵岗地，并在南部与赤红壤区的高丘同时分布，其脱硅富铝化特征明显不如赤红壤和砖红壤，土体中铁的游离度和晶化度都较赤红壤和砖红壤的低。黄壤土类在亚热带温暖湿润生物气候条件下形成，分布于 800～1 400 m 的中山地带，其脱硅富铝化作用比较明显，氧化铁水化严重而至黄色。

据土壤普查结果，广西全区有各种类型红壤共计达 10.743 万 km²，占全

---

* 本章作者：潘贤章（中国科学院南京土壤研究所）。

广西土壤总面积的 2/3。由于土壤形成条件差异很大,广西红壤性质差异明显。本章着重论述广西红壤基本特征、物理特性、化学特性差异以及肥力特性差异,并分析造成这些差异的影响因素。

第一节 广西红壤的基本特征

一、红壤的脱硅富铝化过程

广西红壤与我国南方其他地区红壤类似,都是以脱硅富铝化为主要的成土过程,即在我国南方高温与高湿的气候条件下,母岩经彻底的风化,土壤发生脱硅富铝过程和生物富集作用,并发育成为红色的、酸性的、盐基高度不饱和的、铁铝聚集的铁铝土。

按照现有的土壤发生学理论,脱硅富铝化分为以下几个过程。

首先是原生的铝(铁)硅酸盐矿物遭到分解,除石英外,岩石中的矿物大部分形成各种氧化物。

其次,由于水解风化中形成较大量的 K、Na、Ca、Mg 等的氧化物,使风化溶液呈中性至微碱性,硅酸开始移动,即发生碱性淋溶或中性淋溶。

最后,由于盐基的进一步淋溶,使土体上部 pH 值升高,铁、铝胶体开始溶解,并流动。在干湿交替的气候条件下,尤其是旱季,铁铝胶体可随毛管上升到表层,经过脱水以凝胶的形式形成铁铝积聚层或铁铝结核体,使土壤颗粒变红。同时,黏土矿物进一步破坏形成高岭石,以至三水铝石,这就是富铝化过程的最后阶段。

二、广西红壤基本特征

（一）具有强烈的化学风化特征

广西红壤与其他地区红壤一样，土壤地球化学风化过程强烈，矿物的水解、脱盐基、脱硅等过程比较彻底，土体矿物以高岭石和铁、铝氧化物为主，原生矿物和蚀变矿物很少（表 3-1）。

由表 3-1 可知，广西砖红壤、赤红壤和红壤的钾、钠、钙、镁元素迁移率都在 60%以上，最高的几近 100%，黄壤除了 Na 迁移率较高（达 80%），其他元素则较砖红壤等的低，说明在高温潮湿、地势较低地区土壤盐基大量流失。从表 3-1 还可以看出，各典型红壤 Si 的迁移率也达到 20%以上，说明土壤中 Si 也发生了移动，表现为脱硅的结果。

表 3-1　典型红壤表层土壤元素迁移率及富集率

土壤类型	剖面地点	元素迁移率/%					富集率/%	
		SiO_2	CaO	MgO	K_2O	Na_2O	Fe_2O_3	Al_2O_3
砖红壤	钦州那丽镇	39.0	91.8	86.9	91.2		76.3	37.4
赤红壤	桂平西关	55.8	99.6	75.4	82.6	98.6	76.5	75.5
红壤	宾阳昆仑关	20.9	77.2	68.4	63.2		45.0	21.3
黄壤	大青山	44.0	33.9	29.8	51.5	80.1	56.7	29.4

注：引自《广西土壤》。

从表 3-1 的 Fe 和 Al 的富集率来看，Fe 的富集率普遍较高，砖红壤和红壤相对比较接近，而红壤和黄壤比较接近。Al 的富集率比 Fe 稍低，富集程度都在 20%以上，甚至高达 75%。这些结果说明，红壤矿物中 Fe 和 Al 富集程度较高。

红壤经脱硅富铝化，黏土矿物组成也发生了变化。从 X 射线衍射分析可知，高岭石衍射峰特征峰为 7.15Å、3.57 Å 和 2.34 Å，而且前二者呈尖锐形状，三水铝石衍射峰主要为 4.85 Å、4.38 Å。图 3-1 显示宾阳县思陇乡赤红壤的 X 射线衍射图谱，可以看出，该土壤以高岭石为主，并含少量三水铝石、水云母和石英。

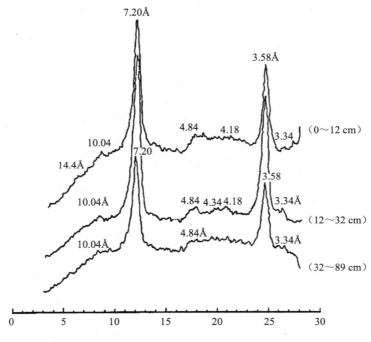

图 3-1　赤红壤 X 射线衍射（宾阳县思陇乡）（引自《广西土壤》）

（二）具有旺盛的吸收—归还物质循环速率

红壤的生物富集过程是红壤形成的重要方面，其特点是森林凋落物大量生成，灰分元素不断补充，生物与土壤之间物质与能量强烈交换（赵其国，1992）。据研究，南方热带季雨林发育的红壤，森林凋落物干物质每年达 9.66 t/hm²，雨林为 8.86 t/hm²，常绿阔叶林为 7.72 t/hm²，而温带落叶阔叶林仅为 3.75 t/hm²。广西热带雨林 CaO、MgO、MnO，季雨林 CaO、MgO、P₂O₅ 以及常绿阔叶林

CaO、MnO、P_2O_5 属于明显富集，生物吸收系数大于 10（赵其国，1991）。

广西植被四季常青，生物物质和土壤交换量很大，生物吸收和归还速度很快。近年来，由于快速生长树种，比如桉树等的大量种植，更加速了土壤物质吸收—归还的速率。对广西桂中—南宁附近的植被调查结果，该区域的针叶及阔叶林乔木生长速度比邻近的湖南省要高出 1 倍，生物吸收量可差 1 倍。广西大青山南亚热带季雨林每年归还土壤的干残落物每亩达 662 kg，灰分 36.2 kg，氮 10 kg，相比较而言，温带的小兴安岭每亩有机物质数量仅 272 kg/a，差异很明显。

由于广西湿热高温，土壤中的微生物活跃，对凋落物矿化分解很快，使凋落物中各种元素很快进入土壤，从而大大加速了生物和土壤的养分循环并维持较高水平而表现强烈的生物富集作用。因此，广西红壤虽然进行着脱硅、盐基淋失和富铁铝化过程，同时也进行着生物与土壤间物质、能量转化交换和强烈的生物富集，丰富了土壤养分物质来源，促进了土壤肥力发展，红壤就是在富铝化和生物富集过程相互作用下形成的。

（三）红壤往往具有深厚土层

广西地层发育较全，从中元古界到第四系均有出露，多样化母岩造就了广西丰富的土壤母质。广西红壤类型土壤的主要母质有以花岗岩为主的酸性岩、中性岩风化物，玄武岩为主的基性岩风化物、泥质岩风化物、第四纪红土等。其中花岗岩风化物、泥质岩风化物、第四纪红土等母质都可以发育成深厚土层。

花岗岩风化物由于多处于湿热条件下，很容易风化，风化壳厚度可达数米至数十米，由于土壤粗砂含量较高，保水性差，抗蚀性差，容易流失，因此，实际土壤层 1～2 m，但是基体深厚，可达 10 m 甚至 20 m 以上。

泥质岩包括非红色岩系的各种泥岩、页岩、砂岩、砾岩及相近的板岩、片岩、千枚岩、石英岩等的风化物，分布较广，主要分布于桂西北、桂东南。其上发育的土壤质地黏重，土壤也比较深厚。

第四纪红土主要分布于河流二、三级阶地、岩溶平原以及西部山地。发育的土壤土层最为深厚。

广西基性岩发育土壤面积较小，主要分布于桂北和桂西地区，砂性比花岗岩母质发育的稍低，土层也深厚，一般大于 1 m。

三、广西红壤剖面基本形态

在低海拔区茂密植被下，广西红壤剖面颜色整体属于棕红或者黄红色系，表层稍暗，呈暗棕色，下表层较淡，亮度较高。根系表层发达，亚表层有根，往下极少出现。表层粒状结构多，亚表层则一般黏重，呈核状结构。

A 层：一般厚度为 15～20 cm，棕色（7.5YR4/6）至暗棕色（10 YR 3/3），中壤，粒状结构，pH 为 4.5～4.8，根系交错。

B 层：为铁铝淀积层，厚度 0.4～1.0 m，呈红棕（5YR5/8）到红色（10R5/8）或棕红色（10R5/6），紧实黏重，呈核块状结构，常有铁、锰胶膜和胶结层出现，因而分化为铁铝淋溶淀积（BS）与网纹层（Bsv）等亚层（S 铁铝-v 网纹层）。

BC 层：有红色（10R5/8）、橙黄色（10YR7/8）等，含 1～2 cm 母质碎岩，占 15%，草根较少。

C 层：包括红色风化壳和各种岩石风化物，呈棕黄（2.5Y6/6）、橙红色（10R6/8），小块状结构，厚度可达数米深。

在高海拔处，黄壤剖面具有相应的基本特征：

A 层：有机质含量较高，多为棕黄色（2.5YR5/4）或者灰棕色（5YR5/2）等，粒状结构居多，疏松，根系丰富。

B 层：黄棕色（10YR5/8）或者黄红色（7.5YR7/8），碎块状结构，中壤，根系多。

C 层：黄色（2.5YR8/6），碎块状结果，中壤土，根系较少。

第二节 广西红壤的物理特性

红壤中大量存在高岭类黏土矿物和二氧化物，这些成分不仅影响红壤化学特性，而且影响一系列的土壤物理特性（赵其国，谢为民等，1988）。同时母质、土壤有机质等也对土壤机械组成、土壤空隙性、土壤稳定性等造成影响。本节对广西红壤的主要物理性状进行了概述。

一、广西红壤颜色及反射光谱特征

受土壤中氧化铁、土壤有机质及土壤黏土矿物等的影响，广西土壤颜色从棕红（2.5YR5/8）、暗灰棕（5YR4/2）、紫棕（5YR5/4）、红棕（7.5YR4/6）、红黄（7.5YR6/8）、淡黄棕（10YR7/6）到浅黄橙（10YR8/3）等差异较大。这些肉眼可见的变化在可见-近红外（VIS-NIR）光谱上也有特定的反映。

Stoner（1981）依据土壤光谱特征将美国土壤划分为的五种主要类型：有机质控制类型、最小改变类型、铁影响类型、有机质影响类型、铁控制类型。我们将广西 4 个赤红壤土样的光谱集中起来进行对比（图 3-2），可以看出，在波长 850～950 nm 处存在明显的氧化铁吸收峰，且在 630～650 存在一个微弱吸收峰。据此特征认为，广西红壤主要属于铁控制类型。据研究，反射光谱900 nm 附近的三价铁吸收带强弱可充分显示土壤中游离氧化铁的含量（地质情报所，1978）。也有研究认为，500～640 nm 波段平均反射率与土壤中氧化铁含量的相关性较好，且呈线性负相关（徐彬彬，2000）。

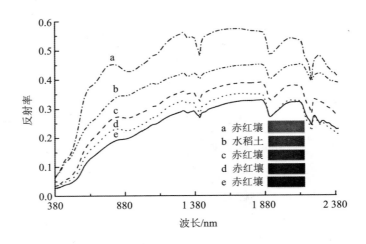

图 3-2　广西不同土壤光谱特性

土壤颜色变化受到很多因素的影响，Dematte 等（2004）认为，影响光谱反射率和光谱特征的最主要因素包括土壤有机质、全铁、粉砂、砂以及诸如石英、磁铁矿、高岭石、蒙脱石等矿物含量等。从图 3-2 列举广西的 4 种赤红壤不同土种来看，虽然它们均存在比较明显的铁吸收峰，但是颜色及光谱差异较大。其中又以土壤 a 的铁吸收峰最大，这是一种发育于夹赤铁矿页岩母质上赤红壤，土壤中铁含量最高，导致铁吸收峰最深。正常发育的赤红壤如 c、d 和 e 则铁吸收峰则稍浅。同时，作为对比，土壤 b 是一种水稻土，经过长期水耕人为作用，土壤颜色已经淡化，铁吸收峰很弱。因此，可以认为广西红壤颜色及反射光谱受到土壤母质影响较为明显。图 3-3 景观照片显示了含铁砂页岩的岩石风化表层的情况。

其中土壤有机质对土壤光谱影响较大。土壤有机质成分复杂、功能团多样，在 350～2 500 nm 范围内无吸收特征峰，一般表现为降低整个光谱的反射率。也有报道指出，有机质在 500～1 200 nm、900～1 220 nm、800 nm 附近、640～720 nm、1 702～2 052 nm 和 1 726～2 426 nm 均存在光谱响应。另外的研究表明有机质与可见光波段的相关性高于近红外波段，而国外研究则认为短波红外光谱响应更好。虽然各研究结果有差异，但是可以看出，土壤有机质对几乎所有波长光谱反射率的降低是显然存在的。

图 3-3　含铁砂页岩的岩石风化表层

二、广西红壤的颗粒组成

广西红壤颗粒组成与成土母质有关。砖红壤分布于十万大山山前丘陵的主要为花岗岩，其他也有发育于砂页岩、第四纪红黏土及浅海沉积母质。花岗岩母质及浅海沉积母质土体深厚，但是二者颗粒组成差异较大。杂沙砖红壤发育于花岗岩母质，表层质地一般是砂质黏土至壤质黏土，而浅海沉积母质发育可达沙壤土或轻壤土。砂页岩母质土层也较厚，可达 1.5～2 m，但较上述二者为薄，质地为中壤至轻黏土。

赤红壤成土母质与砖红壤类似，主要有花岗岩、砂页岩及第四纪红土。其中沙泥赤红壤和杂沙赤红壤分布最广，前者面积占 62%，主要发育于砂页岩母质风化壳上，质地从壤土到黏土均有，后者面积占赤红壤 26%，主要发育于花岗岩及其他酸性火成岩，质地较粗，中壤至壤黏土。

红壤机械组成同样因母质不同差异较大。发育于花岗岩残积物的杂沙红壤质地为砾质壤土，而红土红壤母质为第四纪红土，质地黏重，可达黏壤土。

黄壤分布位置较高，母岩有石英砂岩，砂页岩风化物，花岗岩及其他酸性岩，第四纪红土，因此，土壤颗粒组成差异较大，质地从粉砂质黏壤土到壤质黏土等。

利用收集到的全国第二次土壤普查 21 个剖面数据整理发现，广西红壤表层土壤黏粒（小于 0.002 mm）含量平均 31.9%，亚表层则达 38.2%，比表层要高出20% 左右，第三层黏粒含量继续有所增加，达到 40.6%。从剖面的粉砂（0.02～0.002 mm）含量来看，各层含量虽然比较接近，平均 33.5%，但是总体上从上到下有下降趋势。土壤砂粒（2～0.02 mm）含量表层平均达 44.3%，亚表层 34.2%，以下各层相差不大。以上结果说明，广西红壤黏粒在土壤剖面有淋移现象发生。

表 3-2 列举广西红壤不同土纲代表性土壤剖面的各层土壤机械组成情况。总体来看，土壤颗粒组成也大致符合各土纲土壤的平均状况。

表 3-2　广西几个典型红壤机械组成*

名称	土壤层/m	组分含量/%				
		>2.0 mm	2.0～0.2 mm	0.2～0.02 mm	0.02～0.002 mm	<0.002 mm
钦州厚层沙泥砖红土（砂页岩风化物）	0～6	24.5	55.0	12.5	7.4	25.1
	6～20	20.8	31.8	30.3	12.5	25.4
	30～40	32.5	46.0	10.0	15.0	29.0
	40～96	61.9	33.6	13.1	15.2	38.1
	154～185	54.2	74.8	8.7	12.6	3.9
邕宁厚层杂沙赤红土（花岗岩风化物）	0～18	38.3	12.8	11.2	38.5	37.5
	18～49	26.2	17.6	11.8	33.1	37.5
	49～80	20.6	27.8	12.7	26.3	33.2
	80～120	34.5	23.6	15.9	29.6	30.9
罗城厚层杂沙红土（花岗岩风化物）	0～15	4.2	27.6	24.4	19.9	30.1
	15～30	17.3	27.8	24.4	15.1	32.7
	30～50	24.9	22	22.8	17	38.2
大明山沙泥黄壤（砂页岩风化物）	0～10	1.1	3.1	29.7	53.2	14.0
	10～16	0.9	1.8	18.7	63.1	16.2
	16～23.5	14.2	0.8	11.4	66.2	21.6
	23.5～47	1.9	0.6	0.4	78.2	20.8

注：*资料主要来自于广西第二次土壤普查结果。

三、广西红壤的容重及孔隙性

土壤容重是土壤在未破坏自然结构的情况下，单位容积中的重量（即体积质量），通常以 g/cm³ 表示。土壤容重大小反映土壤结构、透气性、透水性能以及保水能力的高低。土壤孔隙是影响土壤通气、透水及根系伸展的直接因素。在广西湿热条件下，土壤孔隙性不仅影响水分入渗性能及土壤保水性能，而且不良的孔径组合还导致表土水土流失，因此，研究广西红壤空隙性具有重要意义。

表 3-3　两个剖面的土壤容重、孔隙性及持水性能*

剖面	母岩	深度/cm	容重/（g/cm³）	孔隙度/%（体积比）			持水量/%（重量比）			含水量/%（重量比）	
				总孔隙度	毛管孔隙度	非毛管孔隙度	最大持水量	毛管持水量	田间持水量	最大吸湿水	凋谢含水量
扣基山	花岗岩	1～16	1.13	45.70	42.70	3.00	40.40	37.70	37.0	6.40	8.60
		16～38	1.29	46.70	42.00	4.70	36.30	32.60	32.50	5.30	7.10
		38～193	1.25	46.30	43.30	3.00	37.00	34.60	34.60	6.40	8.60
		193～293	1.31	40.90	37.80	4.10	31.90	28.70	28.10	4.60	6.20
		293～650	1.16	46.20	42.70	3.50	39.70	36.70	35.30	3.80	5.10
		650～800	1.34	49.40	48.40	1.00	37.50	36.20	23.70	3.20	4.20
扣孟	中酸性	3～18	0.70	50.20	45.80	4.40	72.10	65.80	65.20	5.70	7.40
	火山岩	18～38	1.05	49.50	47.70	1.80	47.30	45.60	45.20	4.50	6.00
		38～80	1.20	49.10	46.90	2.20	42.40	39.0	38.40	5.40	7.20
		80～150	1.20	49.70	45.90	3.80	41.40	38.20	37.90	5.30	7.10
		150～233	1.24	47.80	43.80	4.00	38.60	35.30	34.80	5.00	6.70
		233～305	1.17	54.10	50.00	4.10	46.10	42.60	41.60	6.30	8.40
		305～760	1.15	52.40	48.60	3.80	45.50	44.70	40.80	4.20	5.60

注：*引自广西大青山综考队《广西大青山调查报告》。

表 3-3 中所列的 2 个土壤各层容重小于 1.35 g/cm^3，说明土壤总体砂性较强。表层更低，说明有机质含量较高。根据收集的广西土壤数据分析发现，该地区红壤容重范围 0.65～1.51 g/cm^3，平均 1.17 g/cm^3，标准差 0.22 g/cm^3，变异系数为 19.2%，说明广西红壤容重变异程度中等，总体偏轻。从剖面来看，表层容重较小，愈到下层红壤容重愈大，甚至高出 60%。

从土壤类型来看（表 3-4），黄壤容重最小，但是变幅较小。黄壤所处地势较高，表层土壤有机质含量也较高，导致土壤容重最小。相比较而言，变幅最大的是红壤和赤红壤，可能原因是这些土壤母质来源比较复杂，土壤颗粒组成差异较大而引起的。

表 3-4　广西不同类型红壤容重及孔隙度统计表*

土壤类型	容重变幅/（g/cm^3）	容重均值/（g/cm^3）	土壤孔隙度/%	样本数
砖红壤	1.03～1.51	1.27	52.04	8
赤红壤	0.90～1.57	1.18	55.01	130
红壤	1.01～1.77	1.23	53.36	138
黄壤	0.72～1.03	0.86	65.57	32

注：*摘引自《广西土壤》。

由于广西红壤总体土壤砂性较强，土壤总孔隙度偏小到中等。表 3-3 中列出的两个剖面，土壤总孔隙度介于 40%～54%，各层毛管空隙占总孔隙 90%以上，非毛管空隙甚至小到 2%以下。此外，总体来看，砖红壤的土壤孔隙度比其他几种类型的红壤要小一些，但砖红壤、赤红壤和红壤的土壤孔隙度差异并不大。黄壤因为土壤有机质含量最高，土壤较为疏松，土壤的孔隙度最高。

四、土壤水分特征

从土壤持水特性来看，土壤各层田间持水量差异较大，范围介于 23%～

65%，主要是表层较高，亚表层及底层稍低，底层差异不大。最大持水量差异也比较大，仍然是表层较高，以下层次差异不大，且数值较低。毛管持水量具有近似的趋势。另外，总体来说，广西红壤凋谢含水量4%～8%，最大吸湿水量3%～7%。

不同的土壤类型具有不同的土壤持水特性。母岩为砂页岩的赤红壤土壤持水量和有效水都明显多，说明其保水性比洪积物赤红壤要好，当然通透性也较强。红壤中，中酸性火成岩发育土壤其持水量则明显要高，比其他母质发育的土壤最大持水量要高出80%左右。黄壤中由于有机质高，表层的通透性较高，最大持水量达到76%～88%，有效水23%～63%，说明其水分特征状况最好。

五、耕作土壤的物理特性

（一）广西高产土壤性状

据第二次土壤普查，高产水田土壤具有如下物理特征：

（1）土壤质地适中。土壤质地对土壤供肥、保肥、保水、通透性以及耕作性能起着重要作用。高肥力稻田土壤质地不能过沙或过黏。据桂南10个产吨粮田块的调查，其质地为砂壤至壤质黏土（周清湘，张肇元，1992）。

（2）土壤耕性良好。高产水稻土"松、软、肥"，即无水时耕层裂缝细小，干耕疏松易碎、粗糙、油润，耕作省力。透水性好，日渗漏量9～15 mm为佳，既不渍水，又不易晒干裂，保水、透水性能好。

同样，高产旱地土壤土壤质地沙、泥比例适中，结构性好。耕层质地多为轻壤至中壤。高产土壤如红壤土、杂沙泥土、紫壤土、紫沙土、潮沙泥和乌潮泥等土壤的物理性黏粒含量多在20%～45%，并有稳定性的团聚体结构。耕层为团粒及小团块状，比较疏松。耕性好，犁地时土垡断裂，容易耙碎整平，耕作省力。

（二）广西低产土壤特性

依据周清湘和张肇元编著的《广西土壤肥料史》研究结果，可将广西低产稻田分为黏结型、沙砾型、冷烂型、石灰性和咸酸田 5 个类型，其中前面 4 种类型均与土壤物理性状较差有关。

（1）黏结型低产田。指土壤质地黏重导致土壤耕性不良，通气透水性差，水、肥、气、热不协调的一类土壤，如黄泥骨田、腊泥田、紫黏田等，面积占全区水稻土面积的 7.6%。主要分布在南宁地区，玉林地区、柳州地区，而钦州地区则较少。此类土壤生产力低的原因主要是土壤黏粒含量高。土壤物理性黏粒（小于 0.01 mm）含量可达 60%以上，质地属于黏土类型，土壤黏结性、黏着性大，可塑性强，造成耕作性能差；同时土壤通气性和透水性差，养分释放慢，造成作物产量低。可以通过增施有机肥，或进行秸秆还田、客沙改土法调整此类土壤的物理结构，提高土壤生产力。

（2）沙砾型低产田。这种田是在耕层或者在 60 cm 土层内含有较多的砂、石砾、铁锰子等造成漏水、漏肥的一类土壤，如沙土田、石子田、铁子田、石砾底田等。面积占全区水稻田面积的 5.1%，以钦州地区、南宁地区和玉林地区面积较多。低产原因主要是耕层和土体内砂或石砾、铁子等含量较多，形成"骨多肉少"，土壤的吸附容量小，漏水漏肥严重，抗旱能力差。水稻扎根不好，生长不良。改土方法主要是增施有机肥和无机肥，改善作物营养，同时采用渗泥客土法改善土壤结构。此外实行水旱轮作，兴修水利，合理灌溉也可以搞土壤生产力。

（3）冷烂型低产田。这类田主要是指地势低洼，排水困难，土壤渍水的一类田土，如冷浸田、烂碰田、冷底田和潜底田等。面积占全区稻田总面积的 10.8%。以南宁地区面积最大，其次为钦州和玉林地区。这类田主要问题是排水不良，使土壤水分过多，空气缺乏，土温低，微生物活动弱，有机物分解慢，有效养分缺乏、土壤中还原有毒物质积累致使水稻发根难，甚至黑根，回青慢，分蘖差，生长不良而低产。改土方法是开沟排水，降低地下水位，实行垄稻沟鱼栽培法，增加垄稻的温度，改善理化性状，同时施肥增加养分，促进微生物活动，改善水稻营养状况。

（4）石灰性田。作为有些地区与红壤间作出现的类型，碳酸钙含量高，碱性偏大，土壤中有碳酸钙积累，钙与土壤中有机或五级交替胶结形成泥团，不宜分散，干时坚硬，湿时黏韧，耕性差，有些还影响作物根系下扎，有的易漏水漏肥。改良措施包括施用生理酸性肥，停止石灰水或溶洞水灌溉。

（5）咸酸田。主要分布在沿海地区，由于土壤含盐高，且含较多硫，酸化土壤引起土壤 pH 下降。改进方法是引淡水洗酸止盐，增施钙镁磷肥减酸，改善土壤化学性质。

第三节 广西红壤的化学特性

广西红壤发育于独特的生物气候环境，土壤化学性质处理具有红壤的基本特征外，还具有一些特殊性。本节从多方面探讨广西红壤的主要化学特征。

一、土壤风化度及淋溶度

反映土壤富铝化程度的标志一般用硅铁铝率或硅铝率来表示。硅铁铝率指黏粒（小于 0.002 mm）全量化学组成中氧化硅与铁铝氧化物分子比值，而硅铝率则指其中氧化硅与氧化铝的分子比值，该值愈小表明富铝化程度愈高。铁铝土的硅铝率值一般小于 2.5（砖红壤小于 2），均低于其他各类土壤。

从广西土壤硅铝率和硅铁铝率来看（表 3-5），几种类型红壤的硅铝率都很低，其中赤红壤和红壤稍高于 2.0，而砖红壤和黄壤则低于 2.0。砖红壤硅铝率最低,从砖红壤到赤红壤和红壤硅铝率呈现增高的趋势,说明风化程度减弱。硅铁铝率则从砖红壤、赤红壤到红壤呈现持续增加趋势,说明从红壤到赤红壤再到砖红壤富铝化程度增强的趋势在广西很明显。黄壤硅铝率或硅铁铝率较低,比赤红壤和红壤还低,说明即便在海拔较高、湿度较大地区,土壤富铝化程度仍然较高。

表 3-5 不同土壤的硅铝率比较

土壤类型	样本数	硅铝率	硅铁铝率
砖红壤	1	1.47	1.25
赤红壤	4	2.03	1.69
红壤	3	2.03	1.72
黄壤	4	1.85	1.43

风化淋溶系数指土壤中钾、钠、钙、镁之和与铝的摩尔比率。常以(K_2O + Na_2O + CaO + MgO)/Al_2O_3 表示。用来表示土壤矿物风化程度。从风化淋溶系数来看(表 3-6),砖红壤最低,从砖红壤、赤红壤、红壤到黄壤呈现持续增加趋势,说明砖红壤淋溶最强,而黄壤则淋溶最弱。这进一步证实,土壤盐基离子淋失随着风化程度的增强而增加的趋势。

表 3-6 不同土壤风化淋溶系数

土壤类型	样本数	淋溶系数
砖红壤	2	0.082
赤红壤	6	0.117
红壤	3	0.170
黄壤	5	0.386

二、土壤酸性

土壤酸碱性是土壤的重要属性之一,对土壤其他理化性质往往也起着重要的作用,对于土壤改良、施肥效用、灌溉等都是必须要参考的指标之一。

广西土壤总体以酸性土壤为主。根据二次土壤普查,广西强酸性土壤(pH<4.5)所占面积大约 10%,酸性土壤(pH 介于 4.6~5.5)约 45%,微酸性土壤(pH 介于 5.6~6.5)占约 25%,中性土壤(pH 介于 6.6~7.5)15%左右,此外还有少量的石灰性土壤。从区域来说,酸性土壤主要分布在桂东南及桂南,比如梧州、钦州、玉林地区。梧州及钦州地区 95%以上覆盖酸性土壤,百色及桂林地区近 90%覆盖酸性土壤,玉林地区 80%覆盖酸性土壤,而柳州等地区 70%左右覆盖酸性土壤。其中梧州地区强酸性土壤所占总面积最大,达到 43.4%,其次是玉林地区占区域面积的 15.0%。从强酸性和酸性土壤总面积所占各区土地面积比例来说,仍然是梧州分布最广,其次是钦州,玉林、桂林和百色紧随其后,相互之间分布比例相差不大(表 3-7)。

表 3-7　酸性土壤所占各地区的面积比例*　　　　　　　　单位:%

地区	<4.5	4.5~5.5	5.5~6.5	6.5~7.5	≥7.5
梧州	43.4	40.2	11.1	3.8	1.5
钦州	1.1	74.4	23.2	0.6	0.7
桂林	6.1	56.1	25.4	8.2	4.2
百色	3.8	54.2	32.7	7.5	1.8
玉林	15.0	48.5	17.1	17.0	2.4
柳州	3.6	38.5	30.2	20.9	6.8

注: *引自《广西土壤》p.307。

由于百色地区总面积最大,因而百色地区的酸性土壤面积实为最大,其次是梧州、桂林、玉林、柳州和钦州。强酸性土壤面积仍然是梧州最大,其次是玉林，与其所占面积比例一致。酸性及强酸性面积总面积梧州面积仍然最大，其次是百色地区，然后是桂林、玉林，面积比较接近，最后是钦州和柳州。

含硫矿渣污染也导致土壤酸化。对于广西环江研究表明，环江农田土壤酸化的原因是洪水携带含硫尾砂进入农田，还原态硫氧化产酸导致土壤酸化。由于矿渣中还原态硫的污染，受污染土壤的酸度、铁和硫的浓度显著高于未受矿渣污染的土壤。大环江沿岸出现不同的污染特征：上游土壤的 Fe、SO_4^{2-}（或硫化氢）和苯乙烯含量较高，但土壤尚未发生明显酸化；中下游农田土壤 H^+ 和 SO_4^{2-} 含量较高，土壤发生明显的酸化现象，还存在继续酸化的风险（王莉霞，陈同斌等，2008）。不过总体来说，广西土壤致酸的主要原因还是由土壤脱硅富铝化引起。在广西湿热条件下，土壤中盐基离子大量流失，氢离子取代盐基离子被土壤吸附，同时，铝离子由于土壤黏土矿物瓦解而进入交替表面被水解，这也使土壤呈现酸性。

根据广西中部和南部代表性土壤研究结果，B 层土壤交换性盐基饱和度很小，在 2.20%～33.61%，平均为 13.83%。在交换性阳离子的组成中，铝占了很大优势，交换性铝饱和度在 56.30%～93.38%，平均为 80.37%。B 层土壤层土壤表观阳离子交换量很少，在 0.9～6.7 cmol/kg 黏粒，平均为 2.1 cmol/kg 黏粒；表观实际阳离子交换量也很小，在 0.2～6.7 cmol/kg 黏粒范围，平均为 1.2 cmol/kg 黏粒（黄玉溢，林世如等，2008）。

影响土壤酸性的因素有很多。寒武系砂页岩发育的赤红壤比花岗岩发育的赤红壤酸性更强，前者一般小于 4.5，而后者则在 4.5～5.0。植被也有较大影响，马尾松林 pH 最低。表土中马尾松林下土壤比杉木林下及阔叶林下土壤的低 0.15～0.25 个单位。

三、土壤阳离子组成

阳离子交换量（CEC）指在一定 pH 值（pH=7）时，每千克土壤中所含有的全部交换性阳离子（K^+、Na^+、Ca^{2+}、Mg^{2+}、NH_4^+、H^+、Al^{3+}等）的厘摩尔数（即 cmol）。CEC 的大小，基本上代表了土壤可能保持的养分数量，即保肥性的高低。阳离子交换量的大小，可作为评价土壤保肥能力的指标。阳离子交换量是土壤缓冲性能的主要来源，是改良土壤和合理施肥的重要依据。

表 3-8 列举了广西主要土壤耕层交换性盐基组成的统计结果。由于广西地带性土壤如砖红壤、赤红壤、红壤及黄壤等，其 pH 值多在 4.5～5.0，阳离子交换量小于 10 me/100 g $_{(土)}$（me 为毫土当量，me=1mol/L）。交换性阳离子中氢和铝一般占阳离子总量的 60%甚至 70%以上，特别是交换性铝，占交换性酸的 90%以上，因而吸附 K^+、Na^+、Ca^{2+}、Mg^{2+}等盐基离子很少，盐基饱和度低，一般在 30%以下。盐基离子组成 K^+、Na^+各占 10%～20%，Ca^{2+}、Mg^{2+}占 50%～70%。

表 3-8　主要土壤耕层交换性盐基组成*

土壤类型	CEC/（me/100 g 土）	pH	交换性盐基/[me/100 g $_{(土)}$]				交换酸/[me/100 g $_{(土)}$]		盐基饱和度/%	n
			K^+	Na^+	Ca^{2+}	Mg^{2+}	H^+	Al^{3+}		
砖红壤	4.18	5.03	0.20	0.21	0.33	0.22	0.21	3.11	22.90	3
赤红壤	6.86	4.76	0.25	0.39	0.70	0.37	0.36	4.78	24.90	10
红壤	7.76	4.64	0.26	0.61	1.03	0.17	0.50	5.18	26.70	5
黄壤	9.82	4.25	0.31	0.21	1.03	0.55	0.56	7.12	21.40	2

注：*摘自《广西土壤》p.315：表 17-18。

第四章　广西红壤肥力[*]

第一节　广西红壤区域的主要土壤类型

广西位于东经 $104°29'\sim112°04'$，北纬 $20°54'\sim26°20'$；总面积 23.7 万 km^2，有耕地面积 256.53 万 hm^2，其中：水田 164.71 hm^2，旱地 91.81 万 hm^2；地形总趋势是西北向东南倾斜，有台地、盆地、丘陵、溶岩等地形交错分布。主要气候受太阳强烈辐射和冬夏季风环流的影响。土壤母（质）岩有花岗岩、砂页岩、石灰岩、硅质岩、第四纪红土及冰水沉积物等多种类型；加上人为活动等影响，土体中元素的迁移方式和富集程度有明显差别，分布的土壤类型多种多样，按照第二次土壤普查的分类标准，土类是土壤分类的高级基本分类单元，它是在一定的生物气候条件，或人为作用，或一定主导自然因素的作用下，具有主导的成土过程和拥有本质的、共同的判断特征属性的一群土壤。根据以上分类原则，广西土壤主要有水稻土、砖红壤、赤红壤、红壤、黄壤、黄棕壤、紫色土、石灰岩土、红黏土、粗骨土等共 18 种土壤类型。

---

* 本章作者：周柳强（广西农业科学院）。

第二节　广西主要土壤分布及养分特征

一、砖红壤

广西砖红壤处在热带北缘,区内高温多雨、干湿季节明显,具有高热带湿润特点,主要分布在北海、钦州、防城港市海拔 100 m 以下的台地、低丘陵及冲积平原等,由于受气候和海拔高度的影响,砖红壤分界线东西不在同一纬度上,东部可达北纬 22°,而西部因地势较高,降至 21°37′。砖红壤是广西南部的主要土壤类型之一,总面积 24.98 万 hm^2,占全区土壤总面积的 1.55%。主要成土母质有:花岗岩、砂页岩、第四纪红土、河流冲积物及浅海沉积物等。砖红壤的成土过程受高温多雨、干湿季节明显的影响,属高度风化的土壤,其土体深厚,呈赤红色,盐基被强烈淋溶,土壤呈酸性至强酸性(pH 3.85～5.45),阳离子交换量低(2.14～7.9 me/100 g 土),交换性酸 1.88～5.27/100 g 土,盐基饱和度在 35% 以下,土壤保肥能力较差,养分易流失。有机质含量在 7.9～24.1 g/kg,全 N 0.42～0.89 g/kg,全 P 0.14～0.68 g/kg,全 K 4.6～11.8 g/kg,土壤有机质及氮素含量随植被状况及耕作施肥而异,磷钾钙镁锰含量均很低,而且其有效性与土壤水分状况有关。砖红壤只有一个亚类,即砖红壤亚类。适宜发展种植的热带作物较多。

二、赤红壤

广西的赤红壤主要分布在南宁、钦州、防城港、北海、玉林、贵港、梧州市、百色、柳州、来宾等市,河池、贺州市也有少量分布,是广西南亚热带地区的代表性土壤，其面积为 485.1 万 hm^2，占全区土壤总面积的 30.05%。主要成土母质有：花岗岩、砂页岩及第四纪红土，分布地区的气候特点是高热性及常湿润的特点。赤红壤的风化淋溶程度低于砖红壤，土壤矿物风化较强烈，次生矿物以高岭石及三水铝石为主，土壤呈酸性至强酸性（pH 为 3.92～5.85），交换性阳离子（2.38～10.21 me/100 g $_\pm$）以氢、铝为主，其中交换性铝占交换酸的 77%～95%，盐基高度不饱和，一般在 40%以下。有机质含量在 8.6～25.25 g/kg，全 N 0.45～0.93 g/kg，全 P 0.19～0.72 g/kg，全 K 5.7～12.1 g/kg 土壤有机质及全氮含量中等偏低，磷、钾养分含量也不丰富，有效锌、硼、钼的含量也不高，土壤肥力状况与植被及水土保持工作密切相关。赤红壤划分为两个亚类，赤红壤亚类、赤红性土亚类。适宜发展南亚热果树和其他作物，是广西重要的农业土壤类型。

三、红壤

广西的红壤除钦州、北海、防城港市外，广西各地市均有分布，大致分布于北纬 24°30′以北的平原、丘陵和低山以及南部赤红壤区的山地海拔在 350～800 m 的地段，全区共有 564.2 万 hm^2，占全区土壤总面积的 34.95%，是广西中亚热带的代表土壤，分布区受季风气候控制，具有高温多雨、湿热同季、干湿季节交替的特点，土壤中黏土矿物以高岭石为主，其次为蒙脱石、石英、赤铁矿及水云母，土壤呈酸性至强酸性（pH 为 3.95～6.15），盐基饱和度低于 30%，交换性阳离子（2.88～11.84 me/100 g $_\pm$）以氢、铝为主，有机质含量在 8.86～25.78 g/kg，全 N 0.48～1.05 g/kg，全 P 0.185～0.78 g/kg，全 K 5.58～13.24 g/kg，土壤有机质含量随植被情况有较大差异，磷、钾等矿质养分也有较大差异。红壤因发育阶段的差异或由于地形部位、海拔高度、水热条件的差异，产生了附加成土过程以及因为侵蚀程度的不同造成的土性差异等，划分为红壤、黄红壤、红壤性土三个亚类，红壤适宜种植多种林木、果树和农作物，也是广西重要的农业土壤类型。

四、黄壤

广西的黄壤主要分布于桂西北、桂东北、桂中的海拔 800～1 400 m 的中山地带，面积 127.4 万 hm²，占全区土壤总面积的 7.9%；是在亚热带温暖湿润的生物气候条件下形成的，土壤呈酸性，pH 值为 4.5～5.5，交换性盐基以铝为主，盐基饱和度 30%左右，土壤中的黏土矿物以三水铝石为主，由于所处日照少、湿度大、云雾多，空气常年湿度为 80%～90%，生物产量高而分解较慢，有机质的累积过程明显，一般土壤中有机质含量为 50～100 g/kg，自然肥力较高。根据成土过程中的不同附加过程一级发生发育特征，黄壤划分为典型黄壤、表潜黄壤、漂洗黄壤及黄壤性土四个亚类，黄壤的植被以马尾松、杉木、竹、栎类等为主。

五、石灰岩土

广西的石灰性土是发育于碳酸盐岩（主要是石灰岩）风化物，或受碳酸盐岩风化物加成的土壤，面积为 81.9 万 hm²，占全区土壤总面积的 5.07%；根据其发育程度和性状划分为黑色石灰土、棕色石灰土、红色石灰土及黄色石灰土四个亚类，其中，棕色石灰土占该土类面积的 89.09%。主要分布于桂西南、桂西北、桂东北和桂中地区；受碳酸盐母岩的强烈影响，是石灰岩土的基本特点，土壤呈中性到微碱反应，盐基饱和，土壤中黏土矿物以 2∶1 型的蒙脱石、伊利石或蛭石为主。土壤矿质养分与该石灰岩形成时期有关，如宜州市的石灰岩土含有较高的锰，凤山县的石灰岩土含有较高的磷，而都安县的石灰土含有较高的石英。植被状况与生物气候及人类活动有密切相关。

六、紫色土

广西的紫色土主要分布于南宁、梧州、桂林和玉林等地区，在桂中、桂西、桂西北及钦州等地也有少量分布，面积 88.49 万 hm^2，占全区土壤总面积的 5.5%，其成土特点如下述。

（1）物理风化作用强烈。化学风化相对较弱，其脱硅富铝化程度不如地带性土壤明显，土体中富含原生矿物如：长石、云母等。

（2）侵蚀和堆积作用强烈。肥力特征为，土层较薄，土壤质地及酸碱性与母岩密切相关，土壤有机质缺乏，矿质养分比较丰富，3～10 mm 的泥岩碎块，经 4～5 个月风化即可种植甘蔗、花生、玉米等，且能获得较好的收成。但抗水蚀能力差，容易造成水土流失。

七、硅质白粉土

广西的硅质白粉土主要分布在柳州、南宁、河池地区，桂林、百色及原玉林地区也有少量分布。面积 45.93 hm^2，占全区土壤总面积的 2.85%。主要成土母岩为硅质岩类，化学风化不明显，物理崩解也不完全，含有较多的碎石粒，土壤颜色浅，有机质在剖面的移动积累不明显，上下土层的有机质含量相差很大，矿质养分普遍缺乏，土壤酸碱性受地带性气候影响。主要原生植被是禾本科的矮生草类。

八、水稻土

广西的水稻土是在长期种植水稻的条件下形成的，面积 164.7 万 hm^2，占全区土壤总面积的 9.43%，占耕作土壤面积的 64.21%。成土特点如下述。

（1）水耕熟化作用。土壤在雨水和灌溉水的浸渍下，黏粒下移明显，表现为上层黏粒含量明显低于下层；有机质进行嫌气分解，合成新的腐殖质，矿化作用减弱；Fe—P 被还原，磷的有效性提高。

（2）淋溶淀积作用。淹水后，土壤处于还原状态，耕层以淋溶为主，心土层以淀积为主。铁、锰的淋溶淀积是水稻土形成的一个重要过程。

（3）盐基淋溶和复盐基作用。盐基饱和的土壤盐基淋溶，而非饱和的土壤则产生复盐基作用。

根据土壤中水的补给和移动形式不同和由此而形成的土壤剖面形态特征，将水稻土划分为淹育水稻土、潴育水稻土、潜育水稻土、漂洗水稻土及咸酸水稻土五个亚类。

除上述土壤类型外，广西还分布有黄棕壤、火山灰土、砂姜黑土、山地草甸土、潮土、滨海盐土、新积土、红黏土等（图 4-1）。

图 4-1 广西主要土壤类型分布

第三节 广西土壤的养分状况

一、酸碱性

第二次土壤普查的结果是（图 4-2）：强酸性土壤（pH＜4.5）占 10.5%；酸性土壤（pH 为 4.6～5.5）占 45.1%；微酸性土壤（pH 为 5.6～6.5）占 24.6%；中性土壤（pH 为 6.6～7.5）占 10.5%；石灰性土壤（pH＞7.5）占 6.0%。广西土壤以酸性为主，桂东南酸性面积较大，桂中及桂西北中性及石灰性面积较大。

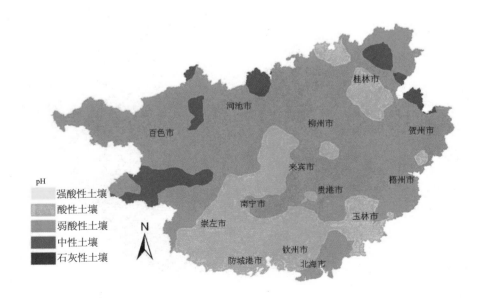

图 4-2 广西耕地土壤的 pH 分布状况

二、土壤的阳离子交换量（CEC）

土壤的交换性能包括阳离子交换量和阴离子交换量，作为酸性土壤为主的广西土壤，阳离子交换量的大小与土壤保蓄养分能力的大小和缓冲作用的强弱有密切相关，交换量大，保肥性能好，缓冲性能强，也在一定程度上反映出土壤的肥力较好。

第二次土壤普查的结果是：保肥力强的土壤（CEC＞20 me/100 g ±）占9.6%。保肥力中等的土壤[CEC＞10～20 me/100 g ±（me 为毫克当量浓度，1 me=1mol/L×离子价数）]占34.9%。保肥力弱的土壤（CEC＜10 me/100 g ±）占55.4%。广西土壤的黑色石灰土的 CEC 最高，平均为 32.69 me/100 g ±，最低为硅质白粉土，平均为 5.76 me/100 g ±。

三、土壤有机质

第二次土壤普查的结果是（图 4-3）：广西土壤约有 70%的土壤有机质含量在 20 g/kg 以上（表 4-1）。而以河池、百色、贺州地区及梧州市的土壤有机质含量较高，钦州、北海市的土壤有机质含量较低。

表 4-1　广西耕作土壤的有机质含量分级统计（占总面积比例）

有机质含量/（g/kg）	＜11	11～20	21～30	31～40	＞41
水田面积比/%	1.33	16.18	42.12	26.74	13.64
旱地面积比/%	11.31	33.20	35.24	14.63	5.62

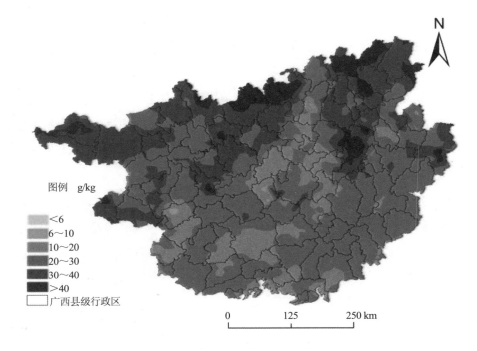

图例 g/kg

<6
6~10
10~20
20~30
30~40
>40
广西县级行政区

0　　　125　　　250 km

图 4-3　广西耕地土壤的有机质分布状况

四、土壤全氮

第二次土壤普查的结果是（图 4-4）：土壤中的氮与土壤有机质有直线相关，故土壤有机质含量高，土壤全氮含量也高。耕作土壤的全氮含量在 1～2 g/kg，其中水田占 62.94%，旱地占 40.05%；以河池、百色地区土壤含量高的面积较大，钦州、北海、玉林、贵港市的土壤全氮含量低的面积较大。

从土壤类型看：红壤＞赤红壤＞砖红壤。山地草甸土＞黄棕壤＞黄壤＞黄红壤。黑色石灰土含量较高，紫色土、硅质白粉土、冲积土含量较低。

表 4-2　广西耕作土壤的全氮含量分级统计表（占总面积比例）

全N含量/（g/kg）	<0.51	0.51~1.0	1.01~1.5	1.51~2.0	>2.01
水田面积比/%	0.68	15.56	36.52	26.42	20.81
旱地面积比/%	5.29	33.35	30.34	19.71	11.31

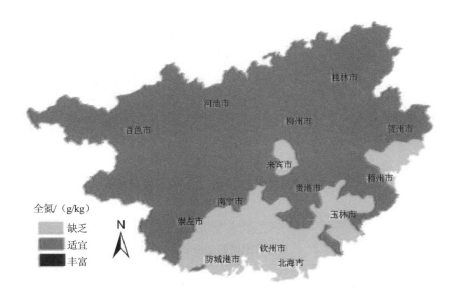

图 4-4　广西耕地土壤的全氮（N）分布状况

五、土壤磷素

第二次土壤普查的结果是（图 4-5）：广西耕作土壤普遍缺磷，土壤全磷小于 0.6 g/kg 的面积有 85%，其中不足 0.4 g/kg 的占 54.35%。从地区分布看，含量大于 0.6 g/kg 的面积较大的地区有贺州、河池、南宁、柳州地区，低磷面积最大的为钦州、北海、防城港市。含量在 0.2 g/kg 以下的占 87.4%，属磷素特别贫瘠地区。

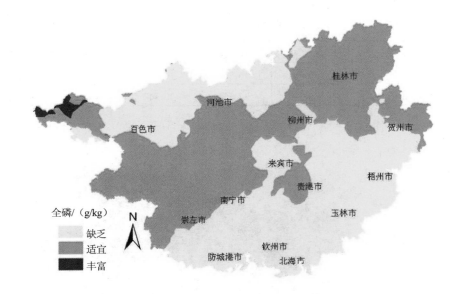

图 4-5　广西耕地土壤的全磷（P）分布状况

表 4-3　广西耕作土壤的全磷含量分级统计

全 P 含量/（g/kg）	<0.21	0.21~0.4	0.41~0.6	0.61~1.0	>1.01
占总面积/%	13.23	41.12	30.69	10.87	4.08

表 4-4　广西耕作土壤的有效磷含量分级统计表（占总面积比例）

有效 P/（mg/kg）	低（<5.1）	中（5.1~10.0）	高（>10）
水田占比/%	51.16	32.11	16.73
旱地占比/%	60.00	23.70	16.30

从土壤类型看：黄壤＞黄红壤＞红壤＞赤红壤＞砖红壤。

从成土母岩看，以硅质岩、紫色岩发育的土壤含磷最低，石灰岩的含磷最高。

土壤中的磷可分为水溶性磷、弱酸溶性磷及难溶性磷,其中前两者能被植物吸收利用,称有效磷。但土壤全磷含量与土壤有效磷含量没有一定的相关性,现通常用 Olsen 法来要确定土壤的供磷能力,即有效磷含量。土壤有效磷占全磷的比值称为土壤供磷强度,一般在 0.5%～2%,潮土普遍较高,林荒地普遍较低。人为耕作管理对土壤供磷强度具有直接的影响。

从土壤类型看:潮土、棕色石灰土及水稻土的供磷能力较强,硅质白粉土、紫色土的供磷能力较弱。从成土母质看:以砂页岩、石灰岩及河流冲积物母质发育的土壤,速效磷含量相对较高。硅质岩、紫色岩、滨海沉积物发育的土壤速效磷含量较低。经过耕作熟化的土壤比自然土壤的速效磷含量相对较高。

六、土壤钾素

第二次土壤普查的结果是(图 4-6):广西土壤全钾含量与成土母岩类型及成土过程的风化淋溶有关,大多数土壤含钾量在 9～15 g/kg,其中含量较高的地区有桂林、梧州、贺州、贵港、玉林等地市,含量较低的地区是钦州、北海、防城港、柳州、南宁等地市(表 4-5,表 4-6)。

表 4-5 广西耕作土壤的全钾含量分级统计(占总面积比例)

全 K 含量/(g/kg)	<5.1	5.1～10.0	10.1～15	15.1～25	>25
占总面积/%	15.55	20.12	23.89	30.06	10.37

表 4-6 广西耕作土壤的有效钾含量分级统计(占总面积比例)

有效 K/(mg/kg)	低<51	中 51～100	高>100
水田占比/%	56.52	34.88	8.60
旱地占比/%	42.33	38.54	19.13

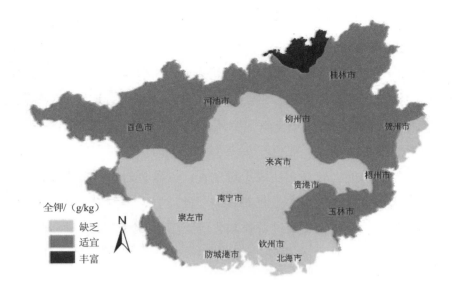

图 4-6 广西耕地土壤的全钾（K）分布状况

从成土母质看，花岗岩、紫色岩发育的土壤全钾含量较高，硅质岩、石灰岩、红土母质发育的土壤全钾含量较低。

从土壤类型看：砖红壤＜赤红壤＜红壤；黄壤＞黄红壤＞红壤；耕作土壤＜自然土壤。这反映出人类的耕作活动加速了土壤矿物的风化及钾素释放淋失，年复一年地频繁耕作，使土壤区钾含量有逐渐减少的趋势。

土壤中的钾包括水溶性钾、交换性钾、固定态钾及原生矿物中的钾等几种形态；若按植物可利用状况可分为速效钾、缓效钾及迟效钾。速效钾是指水溶性钾和可交换钾，是土壤能直接提供给植物吸收利用的钾；缓效钾是固定态钾，在一定条件下会转为速效钾供植物吸收利用，是速效钾的重要给源。作物产量与速效钾含量及缓效钾含量均有显著相关性。

广西土壤的供钾能力普遍很低，土壤速效钾小于 50 mg/kg 的耕作土壤，水田有 56.52%，旱地有 42.33%，全区大部分土壤施用钾肥均获得较好的增产效果。

土壤的供钾能力与土壤母质及人类耕作管理密切相关,花岗岩发育的土壤供钾能力高,硅质岩、石灰岩、第四纪红土发育的土壤供钾能力低;土壤熟化程度高,土壤有机质含量高的土壤供钾能力也高。土壤经常深耕、冬翻晒垄等耕作措施能提高土壤的供钾能力。

七、土壤微量元素营养

第二次土壤普查的结果是:从表 4-7 可看出,广西土壤普遍缺硼和钼,锌、锰缺乏面积达 30%以上,而铜、铁基本不缺乏。

从地域上看:桂西北的有效锌含量(平均 1.58 mg/kg)高于桂东南(平均 1.07 mg/kg)。百色、河池等地区的有效硼较高,桂林、钦州、北海、防城港等地市的有效硼含量较低。

从土壤类型看:黄壤、石灰岩土、水稻土、潮土、洪积土的有效锌含量较高,而紫色土、砖红壤、赤红壤、硅质白粉土的有效锌含量较低。有效硼含量在各土类的排列顺序为:黄壤>红壤>赤红壤>石灰土>水稻土>紫色土>冲积土。有效钼含量在各土类的排列顺序为:红壤>赤红壤>黄红壤>黄壤水稻土类:淹育>潴育>潜育>石灰性水稻土。表耕层微量元素养分含量高于下层,并有随耕层深度增加而降低的趋势。

从成土母质看:以石灰岩及硅质岩发育的土壤,有效锌含量较高,紫色岩及第四纪红土发育的土壤,有效锌含量较低;有效锰含量,以石灰岩发育的土壤较高,花岗岩最低;有效硼及有效钼含量,均以石灰岩发育的土壤较高,紫色岩及硅质岩最低。

此外,土壤的酸碱性也影响微量元素养分的有效性。在土壤 pH 一般变幅范围内,锌、铜、铁、锰的有效性随 pH 值降低,其有效性提高(表 4-7)。

表 4-7　广西耕作土壤有效微量元素含量等级统计

元素	等级	很　缺	缺　乏	适　中	丰　富	很丰富
Zn	含量/（mg/kg）	<0.3	0.3～0.5	0.5～1.0	1.0～3.0	>3.0
	占普查面积/%	10.41	23.31	22.91	39.56	3.10
Cu	含量/（mg/kg）	<0.1	0.1～0.2	0.2～1.0	1.0～1.8	>1.8
	占普查面积/%	0.16	0.04	46.31	30.43	23.06
Fe	含量/（mg/kg）	<2.5	2.5～4.5	4.5～10	10～20	>20
	占普查面积/%	0.96	1.67	4.74	12.86	79.77
Mn	含量/（mg/kg）	<1.0	1～5	5～15	15～30	>30
	占普查面积/%	3.50	26.91	23.37	21.62	24.60
B	含量/（mg/kg）	<0.2	0.2～0.5	0.5～1.0	1.0～2.0	>2.0
	占普查面积/%	36.53	62.77	0.67	0.02	0
Mo	含量/（mg/kg）	<0.10	0.10～0.15	0.15～0.20	0.20～0.30	>0.30
	占普查面积/%	75.71	13.08	4.51	5.65	1.05

八、部分作物的土壤磷钾丰缺指标

作物的土壤养分丰缺指标是经过大量的田间试验及土壤测定分析后，通过一定的统计分析而得出的比较切合大田实际生产的指导性指标。在土壤养分缺乏范围内，所测定的土壤速效养分数值与施肥供给量有一定的关系，可作为平衡施肥的计算依据。以下为水稻、甘蔗、玉米的土壤有效磷钾的丰缺指标（表 4-8～表 4-11）。

表 4-8　广西稻田土壤的磷钾丰缺指标　　　　　　　　单位：mg/kg

名称	极缺乏	缺　乏	适　中	丰　富
速效 P 含量	<2	2～5	5～10	>10
速效 K 含量	<30	30～50	50～100	>100

表 4-9 广西蔗地土壤的磷钾丰缺指标　　　　　单位：mg/kg

名称	极缺乏	缺乏	丰富
速效 P 含量	<5	5～20	>20
速效 K 含量	<60	60～130	>130

表 4-10 广西玉米土壤的有效钾丰缺指标　　　　　单位：mg/kg

名称	极缺乏	缺乏	丰富
速效 K 含量	<60	60～110	>110

表 4-11 广西菠萝种植区土壤的有效钾丰缺指标

土壤速效钾/（mg/kg）	每千克 K_2O 增产/kg	增产/%
低<43	23.8	>30
中 43～73	13.8	15
高>73	1.0	<5

第五章　广西红壤开发利用[*]

广义的红壤包括红壤、赤红壤、砖红壤和黄壤四种类型的土壤。红壤是广西的主要土壤类型，广西的红壤利用主要分为耕地、园地、林地、草地、城市居民及工矿用地、交通用地和未利用红壤等类型，其中林地、耕地和草地是最主要的利用类型。广西红壤面积合计为 12 017.1 万 hm²，其中林地占 72.9%，耕地占 16.9%，草地占 7.6%，其他类型占 2.6%（表 5-1）。

表 5-1　广西红壤利用类型情况统计

利用类型	草地		耕地		林地		其他		合计	
	万 hm²	占比/%	万 hm²	占比/%	万 hm²	占比/%	万 hm²	占比/%	万 hm²	占比/%
赤红壤	271.7	5.6	1 149.7	23.7	3 245.4	66.9	84.3	3.8	4 851.1	100.0
红壤	553.0	9.8	669.7	12.4	4 293.8	76.1	90.3	1.6	5 642.4	100.0
黄壤	81.5	6.4	57.3	4.5	1 135.0	89.1	0	0.0	1 273.8	100.0
砖红壤	8.5	3.4	102.7	41.1	110.2	44.1	28.5	11.4	249.8	100.0
合计	913.3	7.6	2 030.9	16.9	8 760.4	72.9	312.4	2.6	1 2017.1	100.0

数据来源：《广西土壤》（广西土壤肥料工作站编著，广西科学技术出版社，1994 年 4 月，下同。）

---

[*]本章作者：谢如林（广西农业科学院）。

第一节　广西红壤开发利用现状

一、耕地

据 2011 年统计，广西红壤耕地面积为 2 030.9 万 hm^2，占红壤总面积的 16.9%。其中：水田占 58.9%；旱地占 41.1%。现有红壤耕地面积居全国第 18 位，人均红壤面积居全国第 22 位，属地少人多省区之一。广西红壤耕地的地区性分布差异较大，70% 的红壤耕地分布在桂东、桂东南的平原、台地及丘陵区中，并以水田为主，水田面积占当地红壤耕地面积的 75% 以上；而桂西及桂西北山区，尤其是岩溶山区，红壤耕地则零星分布于山间谷中，且多以旱地为主。大面积连片的红壤耕地相对集中在浔江平原、南流江三角洲、宾阳—武陵山前平原、玉林盆地、左江河谷、南宁盆地、湘桂走廊、贺江中下游平原、郁江横县平原、钦江三角洲、宁明盆地等。水田以种植水稻为主，除少数高寒山区外，基本实现双季稻生产；旱地则以种植玉米、甘蔗、木薯、花生等作物为主，主要分布于桂中、桂南低山、丘陵、台地区，甘蔗和木薯已逐渐成为广西红壤旱地种植的主要经济作物，广西的蔗糖产量和木薯淀粉产量占全国的 70% 以上。广西红壤耕地土壤的有机质及磷、钾等矿物元素含量低，而且大多数红壤土层比较浅薄，土壤较为贫瘠。据 1982 年土壤普查，在红壤耕地缺氮的占 83%，缺磷的占 85%，缺钾的占 87%；红壤耕地有 67% 是酸性土，碱性土占 33%。

二、园地

广西红壤园地面积为 68.15 万 hm^2，主要包括果园、茶园、桑园等，其中以果园为主，1995 年红壤果园面积达 63.7 万 hm^2，是全国亚热带、热带水果主要产区之一。区域分布有桂中—桂东北的柑橘，右江河谷的杧果，桂南、桂东南的龙眼、荔枝、菠萝、香蕉，以及桂东北的柚子等。茶园面积为 2.7 万 hm^2，各地均有零星分布，以灵山、龙州、柳城、玉林、百色等地相对集中。近年来桑园面积发展迅速，广西已成为全国桑蚕面积和产量最大的省区，约 1.7 万 hm^2，主要分布于浔江、钦江、蒙江、融江沿岸河滩及丘陵坡地。

三、林地

广西红壤林业用地面积为 8 760.4 万 hm^2。其中，有林面积 8 130 万 hm^2，疏林地 114 万 hm^2，灌木林地 157 万 hm^2。1995 年森林覆盖率为 38.2%。森林分布桂北多于桂南，四周多于中部，已初步形成桂北、桂西和桂东三大林区，其面积占全区森林面积的 46.6% 以上。林地构成种类较多，有用材林、经济林、防护林、薪炭林、特种林、竹林等，其中以用材林面积最大，占有林地面积的70%。各地林种、树种的分布也有明显的地域差异，大体以北纬 23°线为界，南部为具有北热带特点的季雨林、沟谷雨林；北部为亚热带常绿阔叶林。海拔400 m 以下的山地，水果、经济林分布广泛，海拔 400 m 以上的山地主要生产松杉、毛竹等。总体来看，松木占优势，占各类树种的 63% 左右，而岩溶区则以灌木林为主，丘陵、台地多为人工林。

四、草地

广西红壤草山、草坡多，面积广，在南方各省区中排在四川、云南之后，列第 3 位。全区共有各类红壤草地面积 91.33 万 hm^2，占全区红壤总面积的 7.6%。主要分布于桂西北、桂北、桂西南中低山地及丘陵区中，台地及平原相对较少。除桂西北人口稀少、交通闭塞的山区仍保留有连片、大面积的草地外，多为零星分散，呈农地、林地和牧地交错分布状况。全区 10 hm^2 以上的连片红壤草地有 27 481 处，其中万亩以上连片红壤草地仅 897 处，面积为 19.18 万 hm^2，占全区草地面积的 22%。从数量上看不少，但各片几乎都是天然草地，草的质量较差，载畜量低。主要分布于隆林、西林、田林、那坡、环江、南丹、罗城、富川、钟山、龙胜等县，开发利用潜力大。

五、其他

主要为城市居民及工矿用地、交通用地和未利用红壤。面积为 31.24 万 hm^2，占红壤区面积的 2.6%。

第二节　广西各种类型红壤开发利用状况

广西的赤红壤主要分布在百色、崇左、南宁、钦州、玉林、贵港和梧州一线，在赤红壤中，林地占 75.3%，耕地占 14.2%，草地占 8.8%，其他类型合计占 1.8%（表 5-2）。

表 5-2　广西赤红壤利用情况

市	草地		耕地		林地		其他	
	千 hm²	百分比/%	千 hm²	百分比/%	千 hm²	百分比/%	千 hm²	百分比/%
百色市	46.4	8.8	74.8	14.2	397.7	75.3	9.4	1.8
北海市	1.0	2.4	5.3	12.9	33.8	81.6	1.3	3.2
崇左市	43.6	7.7	173.8	30.7	323.6	57.1	25.8	4.6
防城港市	13.5	5	33.7	12.5	217.3	80.6	5.3	1.9
贵港市	17.1	4.8	112.6	31.7	207.1	58.2	18.7	5.3
河池市	16.0	14.8	11.5	10.7	75.2	69.8	5.0	4.6
贺州市	2.9	5.6	11.8	22.8	34.9	67.6	2.1	4
来宾市	10.1	6.7	83.3	55.3	45.7	30.3	11.6	7.7
南宁市	55.2	5.9	309.5	33.1	508.3	54.4	62.2	6.6
钦州市	27.8	4.9	144.2	25.5	378.5	66.9	14.9	2.6
梧州市	10.7	1.9	59.6	10.9	467.5	85.2	10.8	2
玉林市	27.2	3.7	127.6	17.5	557.2	76.3	17.9	2.5
合计	271.4	8.8	1147.7	14.2	3246.7	75.3	185.2	1.8

　　广西的红壤主要分布在桂林、柳州、百色、河池、来宾和贺州等市，在红壤中，林地占 76.1%，耕地占 12.4%，草地占 9.8%，其他类型合计占 1.6%（表 5-3）。

　　广西的黄壤也主要分布在桂林、柳州、百色、河池、来宾和贺州等市，在黄壤中，林地占的比例较大，达到 89.1%，只耕地占 4.5%，草地占 6.4%，其他类型合计占 0.5%（表 5-4）。

　　广西的砖壤也主要分布在北海、防城港和钦州等市，在砖红壤中，林地占 44.1%，耕地占 41.1%，草地占 3.4%，其他类型合计占 11.4%。

表 5-3　广西红壤利用情况

市	草地		耕地		林地		其他	
	千 hm²	百分比/%	千 hm²	百分比/%	千 hm²	百分比/%	千 hm²	百分比/%
百色市	97.0	8.9	85.8	7.9	897.3	82.7	5.4	0.5
崇左市	3.9	6.1	3.4	5.3	55.9	88.3	0.2	0.3
防城港市	2.9	8.7	0.2	0.4	30.5	90.8	—	—
贵港市	3.6	3.4	6.1	5.6	95.4	89.3	1.7	1.6
桂林市	114.3	9.8	198.1	17	825.6	70.9	26.5	2.3
河池市	124.3	13.8	115.5	12.8	652.7	72.3	10.4	1.2
贺州市	24.5	3.6	80.4	11.8	567.0	83	11.4	1.7
来宾市	48.9	16.1	45.1	14.8	204.2	67.3	5.5	1.8
柳州市	125.7	12.5	152.0	15.1	698.6	69.5	29.6	2.9
南宁市	1.9	8.5	0.1	0.5	20.9	91.1	—	—
梧州市	5.1	2.1	12.7	5.2	225.7	92.3	1.2	0.5
玉林市	1.4	5.6	2.0	8.1	21.9	86	0.1	0.3
合计	553.5	9.8	701.2	12.4	4 295.8	76.1	91.9	1.6

表 5-4　广西黄壤利用情况

市	草地		耕地		林地		其他	
	千 hm²	百分比/%	千 hm²	百分比/%	千 hm²	百分比/%	千 hm²	百分比/%
百色市	32.1	6.6	33.3	6.8	421.0	86.5	0.1	—
崇左市	1.0	26.6	—	—	2.6	73.3	—	—
防城港市	0.1	9.1	—	—	18.6	90.7	—	—
贵港市	1.1	18	—	—	4.7	81.7	—	—
桂林市	0.1	19.8	14.4	3.6	307.0	76.6	0.2	—
河池市	18.1	12.1	4.2	2.8	127.1	85	—	—
贺州市	5.9	7.6	0.2	0.3	71.8	92	0.1	—
来宾市	7.5	10.8	0.1	0.2	61.9	89	—	—
柳州市	13.2	11.4	5.1	4.4	97.5	84.2	0.1	—
南宁市	0.6	5.2	—	—	11.0	94.8	—	—
钦州市	—	—	—	—	0.1	100	—	—
梧州市	0.6	12.1	0.0	—	4.1	87.8	—	—
玉林市	1.0	11.3	0.1	1	7.5	87.7	—	—
合计	81.2	6.4	57.3	4.5	1 134.8	89.1	0.5	0

表 5-5 广西砖红壤利用情况

市	草地		耕地		林地		其他	
	千 hm²	百分比/%	千 hm²	百分比/%	千 hm²	百分比/%	千 hm²	百分比/%
北海市	0.6	0.5	76.7	58.3	34.5	26.2	19.8	15
防城港市	6.0	10.4	5.9	10.1	42.2	73.1	3.7	6.4
钦州市	1.8	2.9	20.0	33.2	33.4	55.5	5.0	8.4
玉林市	0.1	25.2	0.2	42.1	0.1	28.8	0.0	3.9
合计	8.5	3.4	102.7	41.1	110.1	44.1	28.5	11.4

第三节 红壤资源开发利用存在的主要问题

一、红壤资源开发利用不充分

在已利用的各类红壤资源中，普遍存在着开发利用水平低的问题。

（一）红壤复种指数不高

从气候资源条件看，广西大部分地区可以一年三熟，但复种指数为 220%，低于气候相似的广东省利用水平；冬季农田撂荒现象十分普遍；农田单位面积产量低，大多数农作物亩产居全国中下水平，据广西土壤普查资料，有 4/5 红壤为中低产田。

（二）林业用地林种树种结构不合理

用材林比重大，以马尾松为主，其他林种比重小；在有林面积中，中幼林比重大，约占 70%，成熟林比重小；林木每亩蓄积量低，林业产值仅较低，仅占农林牧渔总产值的比重较轻。

（三）草地资源开发利用差异大

边远山区草地利用畸轻，牧草自生自灭；而农区低丘和平原草地，尤其是居民点附近草地，利用畸重，严重过牧超载，牧草由高大禾草演变为低矮禾草；一些不合理的放牧造成水土流失，生态失调。

二、红壤利用不合理，对红壤重用轻养，地力日益衰退

由于广西的红壤多数为红壤土，土壤的理化性质差，加上化肥用量日益增加，绿肥种植面积和农家肥使用逐渐减少，有机质含量不断下降，氮磷钾比例失调。城市、经济开发区发展过热，大量占用良田，水田比重呈逐年下降趋势。

第四节　红壤资源的开发前景

无论从资源状况、开发条件及开发潜力看，广西红壤资源开发前景广阔。

一、努力提高红壤利用水平

广西红壤资源开发普遍存在利用粗放、开发程度低、结构不合理和效益差的问题。因此，今后要科学、合理、充分地开发利用红壤资源，做到宜农则农，宜林则林，宜渔则渔，宜牧则牧，走资源永续利用可持续发展的道路。红壤资源实行开发、保护、节约并重，综合开发，提高效益。切实保护红壤，严格控制占用红壤，稳定红壤面积；加大农田基本建设力度，改造中低产田，改良土壤，砌墙保土，修建梯田，兴修水利，扩大红壤灌溉面积；加速发展生态农业，

指导农民科学耕作，提高红壤复种指数，实行轮作、间作、套种、混种多层次立体式综合开发利用红壤；增加农业科技投入，提高农作物单位面积产量；逐步提高红壤经营集约化水平。调整森林林种、树种结构，发展优质、速生、丰产树种、增加森林覆盖面积，提高经济效益，保护生态环境。科学规划开发利用草场，扩大人工草场面积，推广种植优质牧草，提高草场载畜能力。科学、合理开发利用水域，开发荒水、荒滩，建立商品鱼基地和名特优种苗基地，提高可养水面利用率及单位面积养殖产量。

二、开发利用宜农荒地

（一）缓坡丘陵红壤荒地

此类宜农荒地面积最大，各地均有分布，但在桂中、桂西南一带分布较多，荒地多连片集中，地势较高（平均海拔 200 m 以上），坡度为 15°～20°，宜种木本粮油、果木林、经济林为主，缓坡段可种植农作物。

（二）红土台地类荒地

其面积在广西宜农荒地中居第二位，主要分布在桂东南、桂中盆地一带。其特点是海拔高程低，一般在 200 m 以下，坡度较平缓（10°～15°），红土覆盖层较厚，但土壤透水性强，蓄水性差，红壤开发利用方向与丘陵红壤土类基本相同，但要特别注意采取水土保持措施，防止水土流失。

（三）溶蚀平地型

此类主要分布在岩溶地区的溶蚀平地，以桂中、桂西北、桂西南一带较多。特点是地面起伏平缓，坡度小于（3°～15°），但土质黏重，地面透水、易旱，土壤肥力低，而且局部地区石芽出露、犬牙交错，较难开发利用，适宜发展果林或作为牧地。

（四）滨海台地类型

主要分布于沿海诸县市。特征是地面起伏平缓，顶部较平，高程一般在 50 m 以下，但地面缺水，地表冲刷严重，土壤贫瘠，目前水利难以解决，主要以种植旱作、发展牧业等为主。

（五）海滩滩涂类

分布在北部湾沿岸，除南流江三角洲适合围垦外，其余滩涂主要用以发展海水养殖业。

三、因地制宜开发利用宜林宜牧荒山

荒山是广西最主要的荒地资源，面积宽，是红壤利用的潜力所在，主要有以下三类：①中低山地荒山。主要分布在四周的中低山区，此类荒山为历史上长期林木砍伐及毁林开荒所致，其特点是海拔高、坡度陡，且多处于河流源头或上游，因此，利用上主要适宜营造水源林或用材林，对一些坡度比较平缓的山地可以发展牧业。②丘暖山地荒山。主要分布在桂中、桂东南一带。一般坡度较平缓，主层较厚，可林牧开发相结合，山顶、陡坡以造林为主，缓坡可种植牧草，发展牧业或发展经济林、果木林。③石山荒山型。主要分布于岩溶石山地区，该类荒山岩石裸露，土壤稀薄、蓄水能力差，生态脆弱，一经破坏很难恢复，开发利用难度大，应以封山育林为主。

第六章　广西红壤退化状况[*]

第一节　红壤退化概述

土壤退化是指在不利的自然条件和人类对土壤的不合理耕作、利用等因素影响下，土壤物理、化学和生物学性质及生产力的下降过程。红壤是亚热带地区具有富铝化特征的主要土壤类型，广泛分布于高温多湿的热带、亚热带地区。在我国，红壤主要分布于我国东部长江以南的广大低山丘陵区，其范围大致在北纬24°～32°，涉及全国13个省（自治区），总计面积218万 km^2，占国土总面积的22.7%，是我国重要的粮食和渔业、牧业生产基地。该区域年平均气温15～28℃，大于10℃积温一般在5 000℃以上，年降雨量1 200 mm以上，但受季风气候的控制，水热的季节分布很不平衡，夏季炎热潮湿，冬季温凉干旱，干湿季节明显，红壤就是在此气候条件下，通过富铝化和生物富集化过程长期作用形成的，这也导致了红壤具有土层深厚，酸、黏、板、瘦，脱硅富铝作用强烈、铁游离度高、风化淋溶作用强、黏粒及次生矿物含量高等显著特点。由于土地利用过度、耕作管理不当，该地区土壤退化严重，主要表现为水土流失严重，养分贫瘠化，土壤化学污染，土壤酸化等，目前，该区土壤退化面积已

---

*本章作者：樊剑波（中国科学院南京土壤研究所）。

占土地总面积的一半左右,严重影响农业的可持续发展与生态环境保护。因此深入开展红壤退化原因和机理的研究,在此基础上建立起行之有效的防止其退化和对其恢复重建的技术措施,已成为该地区农业可持续发展的当务之急。

一、红壤的侵蚀退化

土壤的侵蚀退化是我国南方最主要、最严重,也是分布最广的土壤退化类型。Cook 曾提出土壤可蚀性因子概念,以作为土壤侵蚀诸因子中进行定量对比研究的基础。世界上无论是应用很广的通用流失方程 USLE（Universal Soil Loss Equation）,还是 20 世纪 80 年代中期开始研究的 WEPP（Water Erosion Prediction Project）模型,都把它作为研究土壤侵蚀退化的重要内容而加以研究。Wischmeier 和 Smith 分别在 1971 年和 1978 年,根据在相当广泛区域内的 65 000 场暴雨、2 500 个小流域以及 8 250 个侵蚀小区观测资料的统计分析结果,对方程中各因子给出了较为完善的定量计算方法,从而建立并推出更为完善的通用土壤流失方程 USLE：

$$A = R \times K \times LS \times C \times P$$

式中,A 为单位面积的土壤流失量;R 为降雨侵蚀力;LS 为地形因子,指实际坡长、坡度下产生的土壤流失量与相同条件的标准状态下产生的土壤流失量之比;C 为作物栽培管理因子,等于特定植被在经营管理地块上产生的土壤流失量与标准状态下相同地块上产生的土壤流失量之比;P 为水土保持工程措施因子,等于等高耕作,带状间作或修梯田等水土保持措施下的土壤流失量与无任何水土保持措施以及顺坡耕作时相同地块上产生的土壤流失量之比;K 为土壤可蚀性因子。

我国在土壤可蚀性研究方面也做了许多工作。1962 年田积莹研究了甘肃东部子午岭区土壤可蚀性,结果表明,土壤团聚体总量、团聚状况及团聚度与土壤可蚀性呈负相关，而团聚体的分散度与土壤可蚀性呈正相关。1983 年史德明测定了红壤的抗蚀性和抗冲性，发现耐蚀冲性以变质岩发育的红壤最高，花岗岩发育的红壤最低。吕喜玺等计算了我国南方主要易蚀土壤的可蚀性 K 值，结果表明第四纪红色黏土发育的土壤 K 值最大，为 0.38；其次是紫色土；酸性紫色土最小，仅为 0.2。1994 年王佑民等测定了 5 个省的 255 个土样，认为腐殖质含量、水稳定性团粒含量和黏粒含量是反映黄土高原土壤可蚀性的最佳指标。1995 年陈明华等研究福建红壤区 26 个土壤样品的可蚀性与土壤性质的关系，结果表明土壤有机质、机械组成、渗透率和紧实度等是影响土壤可蚀性的重要因素，并建立福建土壤可蚀性的数学模型。陈一兵用人工模拟降雨仪对土壤的抗蚀性进行研究的结果表明，7 种土壤的抗蚀能力大小依次为：冷沙黄泥＞棕紫泥＞红棕紫泥＞灰色潮土＞红紫泥＞黄红紫泥＞暗棕紫泥。于东升、史学正等利用人工模拟降雨方式对红壤耕作坡地的土壤沟蚀和沟间侵蚀进行的初步研究结果表明，土壤沟蚀和沟间侵蚀对水土流失总量的贡献率几乎各占一半。

水土流失也是红壤退化的主要机制之一，土壤侵蚀不仅降低了土壤质量、恶化生态环境，也加剧了洪涝灾害的威胁。红壤地区严重的水土流失与其降雨的季节分布不均，且多暴雨；地形复杂多样，多丘岗地；植被覆盖低，土地利用不合理；土壤物理性质恶劣，土壤抗冲抗蚀能力差等密切相关。多年降雨资料表明，低丘红壤地区的年降雨变化呈单峰型，降雨最大值出现在 5 月份，4—6 月是全年的降雨集中时段，占全年降雨量的一半。由于低丘红壤地区降雨分布不均，4—6 月降雨量大，并多暴雨，降雨侵蚀力高；此时作物正处于播种、幼苗时期，田间覆盖度小，很容易造成严重的水土流失，水土流失量一般占全年的 50%，甚至高达 80%；且降雨分配存在年际差异，相同土地利用方式下，水土流失也存在明显的年际差异。

土地利用和耕作管理方式主要通过影响其植被条件，对土壤侵蚀产生直接影响。其地上部分及枯枝落叶可截留大量降水，削弱降雨侵蚀力，调节径流，降低冲刷力，减少产流强度；地下部分（根系）可固结土壤，改变土壤理化性质，影响土壤抗冲能力。

二、土壤的肥力退化

（一）土壤有机质的积累和分解

1. 土壤微生物对土壤有机质积累和分解的影响

土壤有机质由正在分解的残留物、担负分解残留物的生物所产生的副产品、微生物本身和抗性更强的土壤腐殖质组成。土壤微生物是土壤有机质、土壤养分转化和循环的动力，是土壤有机质转化的执行者。土壤微生物量碳是土壤有机碳的指示因子，其不断同化环境中的碳，同时又向外界释放碳素（代谢产物）。土壤微小动植物将土壤可溶性有机碳（DOC）作为速效碳源，有选择性地降解土壤中的稳定成分，释放低分子化合物，促进有机质的形成与转化。土壤微生物量碳与土壤有机质呈正相关，与 DOC、碳水化合物呈相关性。吴建峰等指出，随着土壤微生物量逐渐降低，腐殖质（胡敏酸、富里酸）也随之降低。来航线等研究了几种微生物对土壤腐殖质形成的作用，微生物在土壤腐殖质的形成中均起到积极作用，其中真菌中木霉在土壤腐殖质总量形成中的作用最大，其形成的胡敏酸量最高；其次为灰褐链霉菌，其形成富里酸量最高。张崇邦认为，土壤细菌对土壤固氮、有机磷转化、硝化和氨化作用贡献率较大；土壤真菌对土壤纤维素降解作用贡献率较大；而土壤放线菌对固氮、硝化作用的贡献率最大。总之，土壤微生物有机体组成的强大的动力资源库在植物残体降解、腐殖质形成和养分转化与循环中扮演着十分重要的角色。

2. 温度对土壤有机质积累和分解的影响

温度影响土壤微生物和酶活性及土壤中溶质的运移，还影响土壤反应的速度和土壤呼吸速率，最终影响土壤有机质的转化。在一定温度范围内，温度升高会促进土壤有机质的分解,但随着温度的进一步升高,土壤有机质对温度的响应程度降低。温度能控制土壤碳的矿化速率,两者间关系符合一级动力学方程。随着温度的升高,土壤碳矿化率增加,但随着温度的进一步升高,土壤碳矿化率对温度变化的敏感程度降低。Miko 发现,在平均温度为 5℃时,温度每升高 1℃将会引起全球范围内 10%土壤有机质的丧失;而在平均温度为 30℃时,温度每升高 1℃将会使得有机质丧失 3%。

3. 水分对土壤有机质积累和分解的影响

近几年,国内外学者关于水分与土壤有机质关系的研究较多,但观点有所不同。土壤水分是土壤中水溶性成分的运输载体,也是土壤反应得以正常进行的介质。王彦辉认为极度干旱或水分过多都会限制土壤微生物的活动,明显降低有机质的分解速率,最佳含水量为被分解物饱和含水量的 70%～90%。Olivier 认为在淹水条件下有机物料的分解速率加快,在长期的淹水条件下厌氧微生物反复利用腐解发酵的有机物料会导致较低的净残留碳的矿化。这与淹水、嫌气条件下有机物料的分解速率慢于旱地、分解量低于旱地的传统概念不同。不同的土壤含水量对土壤中植物残体的分解速率和土壤腐殖质组分(胡敏酸和富里酸)数量的影响仍存在争议。由于常规研究土壤有机质动态变化的方法存在不足,所以可以通过同位素示踪方法(^{14}C 示踪法或 ^{13}C 自然丰度法)进一步定量研究。利用同位素示踪技术可以区分原有土壤有机质与植物残体分解转化形成的土壤新有机质,从而了解土壤中植物残体分解转化的动态变化规律。

4. 土壤质地和 pH 值对土壤有机质积累和分解的影响

一般而言,黏性土壤中的空气较砂性土壤少,好气性微生物活性受到抑制,土壤黏粒具有保持碳的能力,其含量影响外源有机质(有机化合物、植物残体)及其转化产物的分解速率。随着土壤黏粒含量的增加,土壤有机碳和土壤微生物量碳也增加,土壤有机碳与黏粒含量呈正相关,随着土壤黏粒含量的增加,碳、氮矿化量减少,但矿化部分的碳氮比并不受土壤质地的影响。土壤 pH 值主要通过影响土壤的微生物活动，从而影响土壤有机质的分解与矿化。强酸环境抑制微生物活动，降低有机碳的分解速率；土壤 pH 值越高，土壤有机碳的分解速度越快，不利于土壤有机质的积累。采用 ^{14}C 示踪法研究发现，在 $CaCO_3$ 含量高的土壤中，$CaCO_3$ 的存在对有机物料的分解有明显的促进作用；高盐分含量加速土壤的矿化过程。Liechty 研究表明土壤中有机质随着土壤 pH 的下降而增加。Anderson 认为石灰性土壤可溶性有机碳分解量比非石灰性土壤大，但 Cronan 却指出土壤施用石灰对土壤中的可溶性有机碳没有影响。

5. 二氧化碳浓度对土壤有机质积累和分解的影响

大气 CO_2 浓度升高提高了植物的光合作用，使 20%～50%光合产物通过根系分泌或死亡输入土壤，从而间接影响土壤生态系统。目前研究大多集中在土壤有机质对温室气体排放的贡献和植物生长、土壤微生物对大气 CO_2 浓度增加的响应等方面，而大气 CO_2 浓度增加是有利于土壤有机质的积累还是促进土壤有机质的分解尚存在争议。有些学者认为 CO_2 浓度升高，会增加输入土壤碳量，刺激土壤微生物的生长和活性，加强土壤的呼吸作用，增加了土壤有机质的矿化速率。还有一些学者认为 CO_2 浓度升高增加了土壤碳通量和碳氮比，但导致微生物分解与合成所需氮素的缺乏，从而抑制了微生物的呼吸，增加了土壤碳的积累。

（二）土壤养分退化

土壤养分退化主要通过氧化还原作用、离子的吸附与交换作用、配合作用、沉淀溶解作用、原生矿物的化学风化作用、养分的淋溶、作物吸收、养分挥发等途径实现的。由于氧化还原的交替，使红壤中的某些元素，特别是 Fe、Mn 等在土体中发生淋溶、淀积。在还原状况下，铁、锰等以氧化数低的形态如 Fe^{2+}、Mn^{2+} 及其化合物存在，大大增加了这些化合物的溶解度；由于铁的存在，也增加了磷的活性；同时，Fe^{2+}、Mn^{2+} 浓度的增加将使一部分交换性阳离子被置换，从而促进了其他元素如钾、钙、镁、磷等在土体中的迁移，并进而引起土壤的化学退化。就氮素而言，不同形态的养分受淋溶的状况差异很大，当氮以铵离子形态存在时，由于铵离子可被土壤胶体吸附，虽然它亦会因淋溶而损失，但其比例较小；但当以硝酸根离子形态存在时，则因硝酸根离子不被土壤胶体所吸附，在土壤中的淋溶较容易，还可能因此导致地下水污染。氮的挥发是导致氮素损失的另一重要途径，如铵态氮肥的挥发，氮素的硝化、反硝化产生 N_2O、N_2 等而挥发。作物对养分吸收后的残留在土壤的伴随离子类型也可能引起土壤的化学退化。若土壤中长期施用含硫酸根离子的氮素化肥，则因作物吸收氮素后，硫酸根离子残留在土壤中，将使土壤酸性增强、结构变差等。同时，在稻田中还会因硫酸根离子的大量累积，在春季土壤淹水时产生 S^{2-}，而使作物根系不能正常生长。南方稻田，特别是长期淹水稻田中经常会因此而引起早稻死苗的现象。

（三）土壤胶体保肥供肥性能的变化

黏土矿物是土壤胶体的主要部分，对土壤性质的影响很大。2∶1 型蒙脱组的黏土矿物（包括蒙脱石、蛭石等）一般都具有较强的吸附阳离子的能力，凡土壤中含这类黏土矿物多者，其保肥能力就较强，能吸附较多的营养性阳离子。1∶1 型黏土矿物（包括高岭石、珍珠陶土及埃洛石等）的吸附能力就远不如蒙脱组矿物，凡黏粒成分以这类矿物为主的土壤，其保肥力就较弱。水化云母组（主要为伊利石）黏土矿物的保肥性能介于蒙脱组与高岭组之间，含伊利石丰富的土壤，钾素养料的贮量也较丰富。其他氧化物类矿物一般对阳离子吸附力都很弱，保肥力较低。由于红壤的黏土矿物主要是高岭石和水铝英石，这两种黏土矿物的阳离子交换量（CEC）显著低于蒙脱石和蛭石，其阴离子吸持量（ASC）却又显著高于蒙脱石和蛭石。因此，与其他类型的土壤比较，红壤对阳离子态养分的吸附能力相对较弱，土壤胶体所能吸附的阳离子数量也相对较少，但对阴离子的吸附能力则相对较强，土壤胶体所能吸附的阴离子的量也相对较多。

（四）化肥施用不当对土壤退化的影响

首先，我国化肥施用量不平衡，经济发达地区化肥施用量过大，经济落后地区却无力保证施用足够的化肥。根据全国化肥试验网 1994 年试验结果表明，小麦产量 7 500 kg/hm² 的经济合理施氮量为 10～20 kg 纯氮，而现在大部分地区麦田施用氮肥都在 15 kg 以上，高产地区用量达 20～30 kg。其次，氮、磷、钾肥使用比例失调。发达国家的氮、磷、钾比例一般是 1∶0.5∶0.5，世界平均水平是 1∶0.4∶0.26，而我国是 1∶0.45∶0.17，相比之下有较大差距。肥料养分使用的不平衡、最小养分限制其他养分吸收、养分元素间的拮抗作用以及由此导致其他养分的淋失，使土壤出现贫瘠化。第三，化肥品种结构不合理、品质差。国产化肥以单一营养元素和低浓度化肥为主，氮肥中尿素只占 40% 左右，低浓度的碳铵比重过大，磷肥中过磷酸钙和钙镁磷肥约占 85%。第四，化肥的利用率低。目前，我国的氮肥当季利用率为 30%～35%，磷肥 10%～20%、钾肥 35%～50%。由于肥料品质差，利用率低，过量施肥所引起的土壤退化程度日益加重。

1．化肥施用不当导致土壤酸化

生理酸性肥料硫酸铵、硝酸铵、氨水、尿素和磷酸氢铵都具有较高的酸化土壤的能力。在少耕和免耕措施下，氮肥能使表层 2 cm 左右土壤严重酸化，并破坏表土渗透性。已有研究表明，在酸性的茶园土壤上单施化肥，会使土壤进一步酸化，地力退化，特别是连续施用单一品种化肥，短时期内土壤就可能出现酸化。有试验显示，使用氯化铵 3 年后，土壤 pH 值由 7.45 明显下降到 7.11。

2．化肥施用不当导致土壤物理性质退化

一些可溶性化肥施入土壤，会使土壤出现一价阳离子积聚的"微区"，如 NH_4^+、K^+ 浓度很高，导致其附近土壤中大量置换出二价阳离子（如 Ca^{2+}、Mg^{2+}），

使土壤结构受到破坏。由于过量施用氮肥，改变了土壤 N、Ca 比例，土壤中过量的 NH_4^+ 交换土壤中的钙、镁，破坏了团粒结构，造成土壤板结，耕层变浅。同时，过量施氮、磷肥，在湿润土壤上会有藻类生长，形成小规模的富营养化过程。有研究表明，用常规方法分次施用氮、磷肥和作基肥，土壤表面将出现蓝藻、绿藻的结壳，这种结壳的形成使土壤通气状况降低，水分渗透率下降。另外，无论人工或机械化施肥都可能使土壤变紧实。

3. 化肥施用不当导致土壤养分的贫瘠化

如果土壤溶液 pH 发生剧烈变化，会提高低溶解度的养分溶解。在茶园土壤中，生理酸性肥料的使用导致钾、钙、镁等盐基离子和铜、锌等微量元素的大量淋失。20 世纪 70 年代末以来，随着土壤氮、磷矿质养分施用量的增加，山东部分地区出现普遍缺钾及锌、硼、锰等微量元素的现象。据推算，山东缺钾面积达 240 万 hm^2 以上，主要分布在东南沿海和胶东丘陵区及褐土、潮土区的质地偏砂高产地块。原本含钾较丰富的土壤缺钾程度逐渐严重的原因就在于氮、磷肥施用量增加，产量提高，土壤耗钾速度加快，而化肥供应不合理，钾肥用量少所致。由于化肥纯度提高，通过施用氮磷钾肥带入土壤的微量元素在减少，而作物对微量元素的需求量却日益增多。过量施用磷肥，易形成难溶性磷酸铁、锌沉淀，引起土壤中有效态铁、锌的缺乏。这样就打破了土壤养分间的平衡，使土壤生产力下降，作物品质降低。

4. 化肥施用不当导致土壤重金属元素污染

虽然施用磷肥对陆地生态环境无直接有害影响，但长期持续施用磷肥可引起重金属元素污染。如磷肥中污染元素镉、铀、镭的积累，Cd 在土壤中的累积取决于磷肥中 Cd 含量及其可溶性和磷肥使用量。研究表明，如果长期过量施用磷肥，Cd 在土壤耕层中的积累量比一般土壤高 5 倍、10 倍甚至数十倍。美国加利福尼亚 Citrus 农业试验站对长期施用磷肥的土壤中 Cd 的积累与经济作物进行了试验和研究，发现在长期使用磷肥的表层土壤（0～15 cm）中 Cd 含量为对照点的 14 倍，在所有试验点的表层土壤中 Cd 浓度与土壤总磷量显著相关。P 与 Cd 浓度都随土层深度而迅速下降，在 30～60 cm 深度，Cd 含量水平与对照点无明显区别。他们认为，随磷肥进入土壤的 Cd 和 P 分别有 71% 和 45% 残存在表层（0～15 cm）中，而且 Cd 与土壤无机、有机化合物结合比 P 更牢固，所以就更稳定。随肥料施入土壤的重金属，相对来说，较易被植物所吸收，对环境和人的影响更大。

5. 化肥施用不当导致土壤微生物活性下降

随化肥进入土壤中的 Cd、Pb、Cr、Ni 等重金属污染物会对固氮生物结瘤及固氮酶活性产生影响。Pb^{2+} 的浓度为 100 g/m^3 时，会抑制固氮酶 40% 的活性，Cd^{2+} 浓度为 10 g/m^3、As 等元素浓度为 100 g/m^3 时会产生 100% 的抑制。土壤中游离的氨特别能抑制硝化作用，而硝化细菌对氨毒害作用的反应比亚硝化杆菌敏感。因此，在中性和石灰性土壤中，大量施用尿素与各种铵态氮肥易导致土壤中亚硝酸盐的形成，尤其在寒冷条件下湿度对硝化作用不利，湿度高，亚硝酸盐就易于积累。这样不仅使硝化细菌活性降低，还易污染环境。

三、红壤的酸化

土壤酸化是红壤中最常见的自然过程，酸性强是红壤生产力的主要限制因子之一，由于近年来南方部分地区酸沉降（酸雨）现象加剧，使土壤酸化的速度进一步加快。红壤酸化主要是 H^+ 和 Al^{3+} 作用的结果，在红壤地区气候条件下，土壤中产生的氢离子量比其他土壤要多得多，虽然红壤中的硅酸盐矿物及阳离子交换作用等化学过程对其酸化具有一定的缓冲作用，但前者的缓冲范围仅在 pH 为 5～6，而且红壤中交换性阳离子含量很低，因此已经失去了其缓冲能力。实际上，在大多数红壤中，铝离子在交换性阳离子中占主导地位，而交换性 Ca^{2+}、Mg^{2+} 的数量则很少有超过 10% 的，此外 Al^{3+} 在土壤中具有极强的吸附能，因此它也可以通过交换反应将土壤中的盐基离子代换出来，使之进入土壤溶液并随水淋溶，最终导致土壤酸化。

四、红壤的污染退化

土壤的化学污染是指土壤受工业"三废"排放或农用化学品过量施用等的影响，导致土壤理化性质恶化，使其生产力下降的现象。一般而言，土壤对污染物具有一定的缓冲作用和自净能力，但是当污染物的输入量超过了土壤对污染物的容纳能力时，则导致土壤被污染而产生化学退化，严重时可造成毁灭性的破坏，形成不可逆转的恶果。土壤是一个复杂的多相体系，污染物进入土壤后，往往与土壤组分互相混合、结合，有的被分解或吸收，有的进入地下水或被植物吸收同化等，化肥、农药、重金属污染引起的红壤退化已受到人们的普遍关注。

目前我国南方红壤区农村地区饮用水水源主要为庭院井水和河水，地下水位一般在 $0.2\sim10.0$ m，一旦水体受到 NO_3^-、NO_2^- 和各种残留农药的污染，将威胁居民的身体健康和生命安全。NO_3^- 进入人体胃肠道后，被还原成 NO_2^-，并与血红蛋白中的 Fe^{2+} 反应，引起高铁血红蛋白症，造成细胞缺氧，另外，NO_3^- 和 NO_2^- 可与胺类或酰胺类化合物反应形成强致癌物质：N^- 亚硝基化合物和 C^- 亚硝基化合物，长期吸收可导致多种癌症病变。如福建省沿海农村是我国消化系统癌症的高发区，其中长乐县的肝癌发病率居全国首位，莆田木兰溪下游地区的胃癌、食道癌和肝癌发病死亡率居全国前列，这与饮用被农用化学物质（化肥、农药）严重污染的水有密切关系，20 多年前，湘江流域农田大量使用六六六和 DDT 等有机氯杀虫剂，造成几乎其中 1/3 的农药进入并污染湘江水系。农药作为有意识地散步到环境中的农用有机化学物质，其本身或降解产物能够危害非靶生物，因此长期施用有可能对作物和土壤产生不利的环境后果。有机农药的长期施用对作物和土壤的影响可能产生三种结果。一是由于农药的施用直接对作物产生毒害，抑制作物生长，造成减产；二是农药的施用对土壤微生物产生永久性毒害，抑制了微生物活动，影响到土壤养分循环的正常进行，进而影响作物的养分吸收；三是农药的施用影响土壤的有机物料的正常投入，长此以往势必影响到土壤养分的循环，从而引起土壤在物理和化学性质方面的恶化，最终造成作物减产。与有机污染物不同，土壤中的重金属污染物不为土壤微生物降解，迁移也较困难，因而容易积累。它们对生态系统的影响除直接危害外，主要是通过食物链实现的，具有隐蔽性、长期性和不可逆性。因此，一旦发现土壤遭到重金属污染，不仅为时已晚，而且治理非常困难。重金属污染物进入土壤后，直接危害是影响植物生长发育，导致生物产量降低，有毒物质积累，农产品品质恶化。土壤中重金属与养分元素的交互作用，也引起土壤污染退化，涉及重金属对养分元素存在形态、吸附解吸特性等的影响。如添加铜、镉可明显降低土壤对钾的吸附，并呈很好的线性相关，同时钾的缓冲容量也因铜、镉加入量增加而下降；重金属（铜、锌、镉、镍）的硫酸盐使土壤中 Al—P、Fe—P 含量下降，交换性钙、镁离子可明显降低土壤对铜、锌的吸附，而且锌吸附降低率大于铜；磷可明显降低中性及微酸性土壤铜、锌、镉的碳酸盐态、有机态及晶质氧化铁态含量，而增加其交换态及无定形氧化铁态比例，残留态铜、锌、镉则不受影响。近年来，土壤新型污染物受到关注。这类污染物的特点是在土壤环境中的浓度一般较低，但对生态系统的危害和对人体健康的影响较大。这些新型土壤污染包括：①各种兽药和抗生素对土壤环境的污染。目前，污染可能较为严重的兽药主要包括促进动物生长、增重或用于疾病防治和同期发情的乙烯雌酚、睾丸酮、黄体酮和雌二醇等激素类药物，用于动物运输中以及宰杀前短期使用的氮哌酮、丙酰丙嗪和氯丙嗪等镇静剂类药物，阿曼菌素、丙硫咪唑、氯氰柳胺、左旋咪唑和苯硫哒唑等驱肠虫类药物，磺胺类和硝基呋喃类等抗菌素类药物，以及盐酸克伦特罗（瘦肉精）等兴奋剂类药物等。②大部分溴化阻燃剂在土壤环境中有很高的持久性，能够通过食物链和其他途径非常容易累积在人体内；长期接触会妨碍大脑和骨骼的发育，并且可能致癌，因此，引起日益广泛的关注。随着电子工业的不断发展以及各种电子产品的逐渐报废，各种阻燃剂将以各种方式进入土壤环境中从而造成对土壤的污染。如十溴二苯醚（DBDPO）、八溴二苯醚（OBDPO）和五溴二苯醚（PBDPO）等多溴二苯醚（PBDEs）以及 TBBA、四溴双酚 A- 双（2,3-二溴丙基醚）、六溴环十二烷和十溴二苯乙烷等。③"特富龙"不粘锅中使用的化学物质"全氟辛酸铵"以及芳香族磺酸类污染物对土壤的污染。④近年来发现一种或许起源于北美的豚草属植物及其花粉，特别是这种花粉由于含有多种潜在的过敏原，能在夏天导致严重的干草热以及哮喘疾病，正成为一种引起各方面关注的新型土壤污染物。

第二节　广西红壤侵蚀退化

土壤侵蚀是由于人类不合理的经济活动引起的生态平衡失调，水、土、肥流失，生产力减低，从而威胁人民生产、生活的现象。它不仅会造成水土流失地区本身受害，而且会使江河中的流水暴涨暴落，流水中泥沙含量增加，搬塞水库、湖泊、旱涝成灾，影响灌溉、发电、通航，危害农业、工业、交通，甚至危及人民生命财产安全。

我国北方地区，尤其是黄河中游，由于深受其害，已毋庸置疑地引起广泛的关注，防止沙漠化，营造三北防护林体系等已见之于行动，然而广西亚热带、热带的土壤侵蚀问题似乎还并未引起足够的重视，其实气候恶化、土壤侵蚀、动植物区系退化这些问题，和干旱、半干旱地区的沙漠化一脉相承的，南方的水土流失问题同样不容忽略。事实上广西水土流失现象很普遍，尤其苍梧、岑溪等县更为明显，有些地方沟壑纵横，不亚于黄河流域。

一、土壤侵蚀概况

全世界热带、亚热带森林面积约有 16 800 万 hm²，加上温带森林共约有 280 000 万 hm²，原来消失的速度是 1 800 hm²/h，近来因各国都采取一些措施而有所缓和。我国是世界上少林的国家，连新中国成立后造的人工林 2 800 万 hm² 在内共有森林 12 000 万 hm²，森林覆被率约占 12.7%。广西热带、亚热带森林仅有 605 万 hm²，十万大山等地天然林经过 1958 年、"文化大革命"和落实政策之前三次大规模滥砍，已基本上被破坏。有些地方虽然从目前有林面积上看没有减少，但往往大部分是幼壮林，结构简单，树种单纯，防护效益较差。正如大家所知，森林起着改善环境、调节气候、涵养水源、保持水土的重要作用，热带、亚热带森林对于保持水土更具有特殊的意义。热带、亚热带年降水量 1 000～2 000 mm（如桂北南山年降水量为 1 687.5 mm），且多暴雨，是侵蚀力的潜在因素，暴雨频率越高、强度越大，则侵蚀力越强。但是热带、亚热带森林结构比温带森林复杂，如广西南部弄岗自然保护区的热带森林，树种繁多，乔、灌、草、藤都有，层次结构复杂，因而具有更为稳定的特性。热带暴雨降落在多级郁闭的森林上，由于林冠及活地被物的截阻，大大削弱了雨滴击溅的动能。有良好结构的森林土壤，非毛管孔隙较多，使雨水迅速渗透，加上各种森林植物的吸收，缓和了雨水的汇聚，把雨水变为地下径流。雨滴击溅削弱，地表无径流，加上各种植物的固持，因而使土壤可蚀性几乎等于零，由于侵蚀是可蚀性与侵蚀力的函数，即：侵蚀=f（可蚀性）·（侵蚀力），在可蚀性近似于 0 的情况下，尽管侵蚀力再大，一般也不会发生侵蚀。一旦热带森林遭到破坏则不然。虽然热带森林生态系统的自动调节能力高于温带森林生态系统，但它的物质循环特性与温带森林不同，它不像温带森林那样在林下有一个厚厚的枯枝落叶腐殖质层，作为储存营养物质的仓库和土壤肥力的基础，热带高温大湿有利于微生物活动，热带森林的枯落物，迅速分解为矿质营养元素，并迅速被森林植物吸收，因而热带森林的营养元素主要不是储存于土壤中，而是储存于森林植物内，特别是储存于乔木体内，按一般规律，矿物质营养元素大部分储存在树干、树皮、枝丫中，所以热带森林如果遭到滥伐，木材、枝丫被运走，实质上是打破了生态系统的矿物营养循环的平衡，同时，森林环境也破坏了。热带森林受到破坏以后更难恢复。原来的林地变得裸露，热带暴雨降落在裸露的山地，造成雨滴击溅和地表径流，这时侵蚀潜力已成为巨大的侵蚀力，强烈地侵蚀土壤，林地失去植被的庇护，土壤可蚀性变强，造成强烈水土流失，现代加速侵蚀的出现，必定会进一步加速恶化环境。在天然生态系统未受干扰或人类合理的经济活动下，不利的自然条件可以成为潜在的因素，但在严重干扰破坏或人类不合理的经济活动下，原来潜在的因素就会变为明显起作用的因素，使生态平衡受到更严重的破坏。所以说滥伐森林在热带、亚热带更会带来不堪设想的后果。森林是铁杆庄稼、不吃草的牛羊，是绿色的水库，失去了森林，农业就失去了屏障，自然灾害频繁发生，高产田就会变成"望天田"。

许多热带、亚热带森林破坏之后，往往首先恢复起来的不是森林，而是草地或灌丛。当然，热带、亚热带的草地产草量大，有的草本高 2～3 m，植物种类繁多，群落结构复杂，覆盖度大，虽质量不是优等的，适度放牧一些黄牛等牲畜还是可以的，一般也不致发生水土流失，但如果盲目扩大牲畜头数，无节制无顺序的放牧或过度放牧，就会造成草场退化。桂北龙胜县南山牧场，土肥草茂，草场资源潜力较大，一般不存在过度放牧的问题，但个别地段，如在野猫坪的牲畜棚圈附近实际上出现了过度放牧，我们剖析一下这个典型，可能对防止较大规模的过度放牧是有益的。由于山羊、绵羊等反复采食、践踏，明显减少适口性强的牧草的产量，植物组成改变，矮草代替高草，如羊茅、金茅减少，止血马唐、草莓等增多，甚至牲畜不吃的蕨菜侵入，由于植被变得稀疏、低矮，增加了可蚀性，经牲畜反复践踏，土壤表层结构被破坏，变得紧实，通透性差，遇雨易发生侵蚀，使肥沃表土层被冲刷，表土变薄，有机质及氮、磷等营养元素含量降低（表 6-1）。

表 6-1　有无水土流失土壤养分状况对比

	表层土厚度/cm	有机质/%	全氮/%	磷/%	速效钾/（mg/100 g）	碳氮比
1	24	19.783	0.549	0.216	26.6	20
2	13	9.507	0.437	0.191	15.9	14

据土壤学家 Bennett（1939）估计，在不扰动条件下，每 300 年可形成 25 mm 厚的表土层，如果按这样速度考虑，近几年山于水蚀损失的土量，相当于自然界 1320 年形成的土量。实际冲走表土相当于 2 750 t/hm²，并淋洗掉氮 3.08 t/hm²、磷 0.687 t/hm²、速效钾 0.299 t/hm²。过度放牧会破坏草地生态系统平衡，导致现代加速侵蚀，现代加速侵蚀又会由于减低土壤肥力，进一步加速草场退化。

除了过度放牧之外，反复烧荒也会造成草场退化，第一次烧荒后的生长季由于草木灰既中和了土壤的酸性，又直接增加了矿质肥料，因而次年饲草明显的比往年长得好些，而连续烧荒造成矿质养分释放过度，使土壤肥力减低，再加上有时烧荒的时机不当，将正在生长的饲草烧死，植被变得低矮稀疏，也增加了可蚀性，南山牧场有一片 1974 年飞机播种马尾松的草地，就是由于连续烧荒造成草场退化、水土流失的。

农业方面毁林开荒，刀耕火种，在山地、丘陵和江岸的陡坡上种植旱作，又不采取任何水土保持措施，有的甚至顺坡耕作，当年产量百余斤，收入微薄，耕种一年就不得不弃荒，而另行开垦，这样，农民自己很辛苦，造成的生态后果却是极坏的，据钦州地区有关单位介绍，某大队范围内，由于近 10 年内在山坡上刀耕火种全垦坡地种玉米，每种一次弃耕轮垦一次，致使水沟流量减少，1968 年流量 0.5 m³/s，目前只有 0.2 m³/s，使这个大队的 7 个小水电站不能正常发电，1973 年以来只能发电 8 个月，枯水季 4 个月只能用柴油机发电。刀耕火种不仅使肥沃土壤流失，还损失了宝贵的水利资源。耕作技术落后，不问土壤和作物情况，盲目施用农药、化肥等也都破坏着生态系统平衡。另外，山区一些地方利用野生植物不当，已造成侵蚀，如挖掘蕨菜，利用其地下茎中的淀粉，造成片蚀。

总之，滥伐森林、过度放牧、滥垦荒地等必然破坏生态平衡，造成水土流失。三滥往往互相助长，造成恶性循环，如人口盲目增长，原有农田产量低而不稳，引起滥垦，以林地、草场当做荒地开垦，又不采取有效保土措施，因而新垦荒地产量很快降低，不得不撂荒，又再次滥垦。草场面积缩小，又要为增加畜产品而盲目扩大畜群，牲畜超载，造成过度放牧。森林被破坏，农业失去天然屏障，农业上不去，人民生活提不高，又会进一步引起破坏自然资源，破坏生态平衡。

二、广西土壤侵蚀敏感性分析

（一）土壤侵蚀敏感性空间分布格局

以通用土壤流失方程式（USLE）为基础，选择降雨侵蚀力、地形起伏度、土壤质地和植被覆盖等自然因子作为土壤侵蚀敏感性的评价指标，根据广西自然环境特征制定评价指标的分级标准，在 GIS 和 RS 技术支持下，将广西土壤侵蚀敏感性分为极敏感区、高度敏感区、中度敏感区、轻度敏感区和一般敏感区 5 个等级区域。其中：极敏感区面积 18 554.7 km²，占陆地面积的 7.9%；高度敏感区面积 48 227.1 km²，占 20.4%；中度敏感区面积 73 754.6 km²，占 31.2%；轻度敏感区面积 68 115.6 km²，占 28.8%；一般敏感区面积 27 586.1 km²，占 11.7%。中度敏感及其以上级别面积占陆地面积的 59.5%。不同土壤侵蚀敏感区的空间分布如表 6-2 所示。

表6-2 广西各市土壤侵蚀敏感性评价结果

市名	一般敏感		轻度敏感		中度敏感		高度敏感		极敏感	
	面积/km²	所占比例/%	面积/km²	所占比例/%	面积/km²	所占比例/%	面积/km²	所占比例/%	面积/km²	所占比例/%
南宁	2 989.0	13.5	9 724.5	44.0	6 146.3	27.8	2 673.7	12.1	567.0	2.6
柳州	1 240.1	6.7	6 413.8	34.6	7 026.4	37.9	3 325.5	17.9	526.5	2.8
桂林	2 093.5	7.6	3 338.2	12.1	10 593.9	38.3	7 357.7	26.6	4 269.9	15.4
梧州	1 215.3	9.7	6 912.6	55.2	3 728.0	29.7	668.2	5.3	9.8	0.1
北海	1 210.1	36.3	1 448.5	43.5	534.4	16.0	140.5	4.2	0.0	0.0
钦州	3 638.1	34.2	4 270.4	40.2	2 142.5	20.2	528.7	5.0	52.2	0.5
防城港	1 323.7	22.4	2 077.9	35.2	1 842.2	31.2	582.2	9.9	74.0	1.3
崇左	1 216.7	7.0	4 429.5	25.6	6 832.7	39.5	4 096.2	23.7	740.3	4.3
玉林	3 566.9	27.8	5 428.2	42.4	3 192.8	24.9	606.2	4.7	22.5	0.2
贵港	3 973.2	37.4	4 073.1	38.4	1 944.5	18.3	599.2	5.6	30.7	0.3
贺州	2 012.2	17.1	4 149.7	35.3	3 745.5	31.9	1 513.2	12.9	327.6	2.8
来宾	964.3	7.2	5 566.2	41.5	3 921.2	29.2	2 437.1	18.2	532.0	4.0
百色	1 080.4	3.0	5 920.6	16.4	12 576.2	34.8	10 750.2	29.7	5 839.1	16.1
河池	1 062.6	3.2	4 362.4	13.0	9 528.0	28.5	12 948.5	38.7	5 563.1	16.6
合计	27 586.1	11.7	68 115.6	28.8	73 754.6	31.2	48 227.1	20.4	18 554.7	7.9

极敏感区主要分布于桂西北的金钟山、岑王老山、东风岭、都阳山和桂东北的都庞岭、越城岭、驾桥岭以及桂西南的那坡、德保、靖西一带，这里大多是喀斯特峰丛洼地和陡峻的高山，地形起伏大，土壤以极易被侵蚀的石灰土、紫色土为主，地表植被覆盖很差，多为裸岩石砾地，对土壤侵蚀的反应极其敏感。

高度敏感区主要分布于桂西、桂中、桂西南、桂东北及桂西北局部地区和桂西北右江谷地两侧边缘的山地，德保的龙须河流域、那坡的规弄山区、桂中的柳州盆地周边和桂西南的天等、隆安、大新、龙州、凭祥、宁明以及防城、上思的十万大山一带也有分布，这些地方是低山、高丘、谷地或盆地的外缘，即极敏感区的外围，地形起伏相对和缓，土壤为易被侵蚀的石灰土、紫色土等，植被覆盖相对较好，土地利用以灌木和旱地为主，为中度、轻度敏感级。

中度敏感区主要分布在桂北的融江、桂西北的右江、桂西南的左江等流域，这里多为丘陵区，地形起伏和缓，土壤以石灰土为主，植被覆盖受人为因素的影响很大，土地大多已被垦殖为耕地。此外，中度敏感区在桂东丘陵区也有较大面积的分布，这里地形起伏比较大，降雨冲蚀力强，但植被覆盖好。

轻度敏感区主要分布于桂南、桂中、桂东南一带，如柳州盆地、明江谷地、钦江谷地、南流江谷地、贺江谷地、漓江谷地、大小环江谷地等一带，地貌多以缓坡丘陵、低山和台地为主，地形起伏为中等轻度，土壤以红黏土、红壤为主，植被覆盖相对较好。

一般敏感区主要分布于地势低平的河谷或平原区，如桂南沿海和桂东南、桂中及左江的河谷地区，南部滨海平原、南宁盆地、宾阳、武陵山山前平原、郁江，浔江沿岸平原、贺江中下游平原、玉林盆地、钦江三角洲、南流江三角洲等地区，这些地方地势平坦、土层深厚，土地利用相对较充分，目前大部分已被开垦为水田或旱地。此外，一般敏感区还包括河流、湖泊和水库等水域。

（二）土壤侵蚀原因分析

广西土壤侵蚀主要受特殊的自然条件（地质地貌、土壤、植被、降雨等）和强烈的人类活动影响，自然条件是造成土壤侵蚀严重的内因。广西地处云贵高原与东南沿海丘陵、平原的过渡地带，山地丘陵占陆地面积的75.6%，裸露的岩溶面积占33.3%，紫红色砂页岩面积占8.5%，加上充沛的降雨（年均降水量1 200～2 000 mm）和频繁的暴雨，以及抗蚀性弱的石灰土、紫色土广为分布，为土壤侵蚀的形成和发展提供了有利的外动力条件和物质基础。此外，广西森林植被的分布很不均衡，桂北、桂东森林资源比较丰富，但原生林少、次生林多，桂中、桂西岩溶石质山地植被稀疏，也是造成区内水土流失严重的重要原因。

不合理的人类活动加剧了土壤侵蚀。由于历史的原因和其他因素的限制，广西社会与经济发展较为缓慢,农业和农村经济长期滞后,农民生活水平较低,农业生产技术落后,不少地区由于过度砍伐森林或毁林毁草开垦,致使植被遭到严重破坏,进而导致土壤侵蚀加剧。据百色市的调查资料,全市历年来毁林开荒面积达 76 525.97 hm²,其中坡度 25° 以下的 19 133.47 hm²,坡度 25° 以上的 57 392.5 hm²,水土流失面积占全市土地面积的 42.3%。此外,各项基础设施建设中的开挖、采石、开矿以及大量废弃土石渣随意倾倒,也加重了土壤侵蚀和其他地质灾害的发生,给广西的水土保持工作带来了新的压力。

(三) 土壤侵蚀防治建议

(1) 坚持以保持水土为目的,以生态效益为中心,兼顾经济和社会效益,积极调整农业产业结构;加强生态自然修复,有效控制坡面侵蚀;通过多渠道筹集水土保持生态环境建设资金,将水土保持建设与生态恢复、山区综合开发、扶贫开发等有机地结合起来。

(2) 加强水保监督执法,实行保护环境和综合治理、建设生态相结合,严禁乱砍滥伐、毁林开荒,有效保护现有植被,积极抓好退耕还林工作,严格控制牲畜放牧。

(3) 切实做好工程建设项目的水土流失预防和治理,进行生态环境友好的工程建设设计,将工程建设对环境的影响降低到最小,减少由建设造成的新的水土流失。

(4) 加强土壤侵蚀科学研究。广西土壤侵蚀复杂,类型多样,人类活动影响强烈,但目前对土壤侵蚀防治的研究极为薄弱。建议立项开展该区土壤侵蚀的系统研究,进一步加强水土保持的试验示范,预测流域侵蚀与河流泥沙变化趋势,为水土保持生态环境建设、防洪、水利电力等重大工程建设项目的决策和规划提供科学依据。

第三节　广西红壤肥力退化

一、土壤养分现状

以农业区划部门布设的广西农业资源和农村经济信息地面公里网点监测的 36 个县（市、区）为调查评价范围，耕地面积 102.8 万 hm^2，约占广西耕地面积的 40%。其中水田 55 万 hm^2，约占广西水田面积的 38%；旱地 47.8 万 hm^2，约占广西旱地面积的 43%。土壤有机质含量平均为 3.192%，含量幅度水田为 0.25%～9.28%，旱地为 0.22%～8.51%；全氮含量平均为 0.177%，含量幅度水田为 0.006%～0.599%，旱地为 0.034 7%～0.537 0%；速效磷含量平均为 19.59 mg/kg，含量幅度水田为 0.1～294 mg/kg，旱地为 1.28～295 mg/kg；速效钾含量平均为 65.82 mg/kg，含量幅度水田为 4.24～492 mg/kg，旱地为 2.6～698 mg/kg；土壤 pH 值平均为 6.20，其中水田为 4.42～8.33，旱地为 4.30～8.54。根据 36 个县（市、区）的地理分布，把样土按桂北、桂中、桂东、桂西、桂西南不同区域类型进行分析，土壤养分分布大致为：有机质含量、全氮含量、速效钾含量由北向南、由西向东逐渐递减；速效磷含量由北向南、由东向西逐渐递减；pH 值由南向北、由西向东酸性逐渐加大。

148 个样土中，土壤阳离子代换量在 5.5～23.2 me/kg（1me=1mol/L），其中有 69 个低于 10 me/kg，占 46.62%；有 73 个在 10～20 me/kg，占 49.32%；另有 6 个大于 20 me/kg，占 4.05%。

二、土壤质量分析与评价

（一）土壤养分有所提高，但缺乏养分的土壤仍占相当比例

与"二普"（全国第二次普查）结果比较，土壤有机质平均含量提高的有33个县（市、区），占91.7%；减少的有3个县，占8.3%。全氮平均含量增加的有31个县（市、区），占86.1%；减少的有5个县，占13.9%。速效磷平均含量增加的有34个县，占94.4%；减少的有2个县，占5.6%。速效钾平均含量增加的有17个县，占47.2%；减少的有19个县，占52.8%。从化验结果来看，虽然自"二普"以来，土壤有机质、全氮、速效磷含量普遍提高了一个档次，但缺乏养分的土壤仍占相当比例。水田缺有机质的占12.46%，缺氮的占8.15%，缺磷的占37.0%，缺钾的占88.89%；旱地缺有机质的占33.90%，缺氮的占23.4%，缺磷的占47.05%，缺钾的占77.91%。在36个县（市、区）中，有38.24%的县土壤有机质平均含量属中等以下水平；有17.65%的县土壤全氮平均含量属中等以下水平；有58.82%的县土壤速效磷平均含量属中等以下水平；有91.7%的县土壤速效钾平均含量处于缺乏状态。

（二）速效钾含量提高缓慢，普遍存在缺钾现象

土壤速效钾平均含量由"二普"时期的58.94 mg/kg提高到2003年的65.82 mg/kg，20年间仅增加了6.88 mg/kg，提高11.64%。样土速效钾含量小于50 mg/kg，水田占88.89%，旱地占77.91%。36个县中有19个县速效钾平均含量低于"二普"时期水平，占58.8%。

（三）土壤保持养分的能力不高

土壤阳离子代换量的大小，基本上反映出土壤保持养分的能力。化验结果

显示，土壤阳离子代换量最高为 23.2 me/kg，最低为 5.5 me/kg。土壤保肥能力总体上处于中等水平，其中保肥能力强的占 4.05%，保肥能力中等的占 49.32%，保肥能力弱的占 46.62%。

三、果园土壤肥力退化现状

广西地处亚热带和北热带，属热带-亚热带季风气候区，气温高，热量充足，年均温 16～23℃，大于 10℃的活动积温在 4 900～8 300℃，雨量充沛，年均降雨量在 1 100～2 600 mm，是我国发展热带亚热带水果生产的理想区域之一。广西水果经过近十多年发展，到 2001 年种植面积已达 81.39 万 hm²，产量达 406.28 万 t，比 1990 年分别增加 173.76%和 343.49%，已成为我国第二大热带、亚热带水果生产省区。但是广西水热资源在时空分布上的不均匀性（雨量主要集中在 4～9 月，湿热同季），大量开垦种果，势必造成严重的水土流失，养分贫乏，果园土壤环境恶化，进而影响水果产量和品质，反制约广西水果的发展。开展对广西红壤果园土壤肥力现状的调查研究，提出防治红壤果园土壤肥力退化的有效措施，对充分发挥广西水热资源和生物资源的潜力，推动广西水果生产的发展有极其重大的意义。

（一）果园土壤有效阳离子交换量（ECEC）

土壤阳离子交换量在一定程度上反映土壤保蓄和提供有效养分的能力，交换量大的土壤保肥性能好，施肥淋失量小，表现良好的稳肥性。广西果园土壤有效阳离子交换量（ECEC）较小，变幅在 2.7～14.6 cmol/kg，平均在 10 cmol/kg以下（表 6-3）。果园有效阳离子交换量（ECEC）较小，说明果园土壤保肥性能差。果园 ECEC 的变化与 pH 相似，果园 ECEC 含量基本上是下降的。显然与有机质和黏粒含量下降有关。已有的研究表明，土壤阳离子交换量与土壤有机质、黏粒含量关系密切，在重量相等的情况下，有机胶体的交换量比矿质胶体要大 1～2 倍，黏粒含量高的黏重土壤阳离子交换量也高。

　　开垦种果后，丰富的水热条件使有机质迅速矿化分解，强降雨又使有机质和黏粒大量流失，盐基离子也大量流失而导致 ECEC 降低，交换性能下降。4 种果园中，降幅最大的是柑橘园，达 43.64%，杧果园次之，为 30.77%；不同母质间，第四纪红土母质果园 ECEC 减少最多，其中在柑橘园上的降幅达 60.12%；花岗岩母质次之，降幅最小的是砂页岩，平均为 15.55%。

表 6-3　不同果园土壤 pH 值和有效阳离子交换量（ECEC）的变化

果园	母质	样品数（n）	pH 值				样品数（n）	ECEC/（cmol/kg）			
			1980 年		2001 年			1980 年		2001 年	
			变幅	平均	变幅	平均		变幅	平均	变幅	平均
柑橘	砂页岩	7	4.30～6.50	5.40	4.61～5.10	4.86	7	7.5～11.5	9.3	5.4～12.0	7.5
	第四纪红土	14	5.30～7.00	6.19	4.51～6.31	4.93	7	9.0～17.3	12.4	3.9～5.6	4.9
	平均	21	4.30～7.00	5.85	4.51～6.31	4.91	14	7.5～17.3	11.0	3.9～12.0	6.2
荔枝	花岗岩	18	4.30～7.60	5.51	4.04～6.21	4.63	9	5.9～12.8	8.6	2.7～14.6	8.1
	砂页岩	16	4.10～7.40	5.38	3.79～6.89	4.79	8	5.9～13.1	9.4	5.0～10.7	7.3
	第四纪红土	3	5.40～5.50	5.45	5.00～5.34	5.13	2	7.5～10.1	8.8	3.9～8.4	5.8
	平均	37	4.10～7.60	5.44	3.79～6.89	4.74	19	5.9～13.1	8.9	2.7～14.6	7.4
龙眼	花岗岩	8	4.70～6.00	5.30	4.03～4.86	4.48	4	3.4～11.9	7.7	3.4～4.6	4.0
	砂页岩	22	4.20～7.20	5.44	4.11～4.71	4.38	8	3.4～13.1	8.9	6.3～13.1	9.7
	第四纪红土	30	4.73～7.00	5.89	4.22～6.79	5.03	11	6.6～12.2	9.2	3.3～11.3	5.9
	平均	60	4.20～7.20	5.61	4.03～6.79	4.72	23	3.4～13.1	8.8	3.3～13.1	6.4
杧果	砂页岩	17	3.80～6.20	5.32	3.85～7.19	5.26	10	5.2～12.9	8.1	3.1～8.6	6.2
	第四纪红土	16	4.90～7.00	5.81	4.00～5.99	4.61	12	4.8～10.6	7.6	4.0～5.4	4.5
	平均	33	3.80～7.00	5.56	3.85～7.19	4.92	22	4.8～12.9	7.8	3.1～8.6	5.4

（二）不同果园土壤有机质的变化

　　从表 6-4 见，广西 4 种果园土壤有机质平均含量均下降，说明广西果园土壤有机质下降的普遍性；其中降幅最大的是杧果园，下降了 12.1 g/kg，降幅达 50.63%，降幅极大；柑橘园次之，为 22.45%；不同母质果园，砂页岩母质果园降幅最大，平均降幅达 29.59%，第四纪红土母质果园次之，下降 13.06%。造成有机质含量下降的主要原因：①有较多果园是由有机质含量较高的林荒地开垦而来，种果树时由于有机质含量较低的底土翻上表层而使表层有机质含量迅速减少。②广西水热资源丰富，微生物活跃，有机质矿化快，开垦种果把原来的平衡打破，有机质迅速矿化分解，而枯枝落叶及施入有机肥又相对较少，不足以弥补有机质矿化的损失。已有的报道资料，由于耕作的影响，新垦土壤有机质的损失最初很快，以后则很慢，30 年后达到平衡。当生荒地垦殖时，在 25 年内有机质含量会降到最高含量的 50%～60%。我们在广西赤红壤果园进行的腐解矿化试验表明，果园土壤年矿化率在 5.5% 以上，有机物料腐解残留率（花生藤）为 26.69%，若以土壤有机质含量为 11.36 g/kg 计，每年需补充有机物料（干花生藤）5 267.1 kg/hm^2 才能达到平衡。③广西降雨强度大，果农重种轻管，水土流失严重，造成有机质直接流失。④有机肥施用较少。杧果由于销售不佳，肥料特别是有机肥投入较少，是杧果园土壤有机质下降比其他果园快的主要原因。荔枝园和龙眼园减幅较少，主要是荔枝龙眼在广西较受重视，果农管理积极，有机肥等投入较多的缘故。

表 6-4　不同果园土壤有机质和全 N 的变化

果园	母质	样品数 (n)	有机质/（g/kg）				全 N/（g/kg）			
			1980 年		2001 年		1980 年		2001 年	
			变幅	平均	变幅	平均	变幅	平均	变幅	平均
柑橘	砂页岩	7	16.0～36.2	26.5	15.4～25.0	18.9	0.80～2.00	1.39	0.39～1.64	1.41
	第四纪红土	14	10.8～36.8	23.1	11.2～24.1	19	0.53～2.90	1.37	082～2.07	1.27
	平均	21	10.8～36.8	24.5	11.2～25.0	19	0.53～2.90	1.37	0.82～2.16	1.31
荔枝	花岗岩	18	10.2～44.6	23.4	7.8～32.5	20.1	0.52～1.39	1.02	0.73～2.26	1.37
	砂页岩	16	4.1～38.5	18.5	11.1～27.5	18.2	0.20～1.71	0.75	0.56～2.07	1.15
	第四纪红土	3	13.3～17.8	15.6	14.9～21.1	17.3	0.76～0.82	0.79	0.97～1.49	1.19
	平均	37	4.1～44.6	20.3	7.8～32.5	19.1	0.20～1.71	0.86	0.50～2.26	1.26
龙眼	花岗岩	8	15.5～26.6	20.8	16.8～23.1	19.3	0.56～1.33	0.83	0.61～0.94	0.79
	砂页岩	22	10.2～34.1	19.0	2.7～20.9	14.7	0.60～1.60	1.07	0.82～2.07	1.00
	第四纪红土	30	9.6～45.3	21.6	11.9～33.9	23.2	0.33～1.44	0.89	0.73～1.97	1.34
	平均	60	9.6～45.3	20.3	2.7～33.9	19.6	0.33～1.60	0.97	0.34～1.97	1.14
芒果	砂页岩	17	12.5～51.7	24.6	7.5～17.2	11.6	0.81～2.62	1.34	0.97～1.49	0.94
	第四纪红土	16	12.5～37.6	23.2	5.9～17.5	12.2	0.53～1.74	1.10	0.56～1.06	0.71
	平均	33	12.5～51.7	23.9	5.9～17.5	11.8	0.53～2.62	1.22	0.39～1.64	0.83

（三）不同果园土壤 N 素的变化

果园土壤全量 N 素两次调查中广西果园土壤全 N 的变化与有机质不同（表 6-4），在广西较受重视的荔枝园和龙眼园全 N 平均含量以增加为主，其中荔枝园增加较多，平均含量增加 0.4 g/kg，增幅达 46.51%；而杧果园和柑橘园则以下降为主，又以杧果园下降最多，降幅达 31.97%。N 素的变化与果园施肥管理有关，荔枝、龙眼园施肥较多，因而含量下降较慢；而杧果园和柑橘园施肥相对较少，因而下降较快。不同母质，花岗岩母质果园增加最多（主要是荔枝园增加），平均含量增加 0.22 g/kg，增幅达 22.68%。而砂页岩母质略有下降。

（四）不同果园土壤 P 素的变化

果园土壤全量 P 素两次调查土壤全 P 含量的变化情况见表 6-5。果园土壤全 P 较低，平均含量在 0.6 g/kg 以下。全 P 平均含量在柑橘园和荔枝园上有提高，其中柑橘园增加较多，达 0.18 g/kg，增幅为 45%；柑橘园全 P 含量的增加，可能是由于 20 世纪 90 年代施肥较多，P 素易被固定而富集的结果。而杧果园和龙眼园则趋于减少，下降最严重的是杧果园，下降了 0.29 g/kg，降幅达 52.73%。不同母质，随果园而变化，在第四纪红土母质上的荔枝园增加最多，达 226.92%，而同样母质的杧果园其降幅最大，达 66.18%，显然用母质等因素难以解释果园全量 P 素的变化，其变化更多是受施肥管理等人为因素的影响。

果园土壤速效 P 果园土壤速效 P 含量除杧果园外，都比 1980 年普查时有提高，尤以柑橘园增加最多，平均含量增加 12.2 g/kg，增幅达 248.98%（表 6-5）。不同的果园，其含量变化都较大，相差可达近 100 倍，说明果园间施肥极不平衡。杧果园土壤速效 P 很低，与 1980 年普查时变化不大，平均含量在 3 g/kg 以下，处于极缺状态，说明杧果园不太重视 P 肥的施用。

表6-5　不同果园土壤P的变化

果园	母质	样品数（n）	全P/（g/kg）				样品数（n）	速效P/（g/kg）			
			1980年		2001年			1980年		2001年	
			变幅	平均	变幅	平均		变幅	平均	变幅	平均
柑橘	砂页岩	9	0.03～0.88	0.40	0.30～0.80	0.44	7	1.5～6.0	3.2	1.5～45.9	12.3
	第四纪红土	14	0～1.09	0.31	0.47～0.88	0.65	9	1.2～20.0	6.5	0～40.3	19.7
	平均	23	0～1.09	0.40	0.30～0.88	0.58	16	1.3～20.0	4.9	0～45.9	17.1
荔枝	花岗岩	18	0.20～0.63	0.41	0.17～0.61	0.33	10	0.1～8.0	4.8	1.2～85.7	13.5
	砂页岩	16	0.19～1.89	0.40	0.10～1.92	0.60	13	1.0～6.5	3.7	0.4～32.0	7
	第四纪红土	3	0.22～0.29	0.26	0.66～1.11	0.85	2	4.0～10.0	6.0	3.0～44.3	17.6
	平均	37	0.19～1.89	0.39	0.10～1.92	0.49	25	0.1～8.0	4.1	0.4～85.7	11.1
龙眼	花岗岩	8	0.23～0.89	0.49	0.15～0.78	0.37	4	1.0～6.9	4.7	2.1～91.2	17.8
	砂页岩	22	0.28～2.12	0.67	0.10～0.54	0.25	11	0.6～9.0	3.6	0.5～74.9	8.0
	第四纪红土	30	0.21～1.50	0.66	0.26～1.05	0.69	10	1.0～16.2	5.0	0～25.4	6.7
	平均	60	0.21～2.12	0.64	0.10～1.05	0.48	25	0.6～16.2	4.3	0～91.2	8.6
杧果	砂页岩	17	0.24～0.72	0.43	0.16～0.40	0.28	11	0～6.7	2.1	0.4～5.8	3.0
	第四纪红土	16	0.21～1.70	0.68	0.15～0.37	0.23	12	0.4～22.0	3.9	0.3～9.3	2.8
	平均	33	0.21～1.70	0.55	0.15～0.40	0.26	23	0～22.0	2.9	0.3～9.3	2.9

（五）不同果园土壤K素的变化

果园土壤全量K素两次调查果园土壤全K含量变化情况见表6-6。从表6-6可以看出，全K含量除在龙眼园略有下降外，在其他果园均有增加，其中增加最多的是柑橘园，增幅为93.75%。不同母质，在花岗岩母质上减少（主要为龙眼园减少），在砂页岩和第四纪红土母质上提高，其中提高最快的是砂页岩，增幅达63.5%。在花岗岩母质的龙眼园全K含量的减少，是由于花岗岩母质果园坡度较大，而龙眼园大部分是新开果园，经常翻动表层，丰富的降雨造成大量的水土流失，K素也大量淋失，而果农对K肥施用不够重视，施入K肥较少所至。

果园土壤速效 K 对当季作物来说，K 素养分是否充足，是由土壤速效 K 水平来决定的。广西果园土壤速效 K 含量变幅很大，低的不足 10 mg/kg，高的近 300 mg/kg，随果园、母质而不同（表 6-6）。两次调查速效 K 含量变化，除杧果园降低外，其他果园都有增加，又以柑橘园增加最多，平均含量增加 44.1 mg/kg，增幅达 83.36%；荔枝园其次，平均含量增加 23.8 mg/kg，增幅达 42.35%；而杧果园平均含量减少 22.1 mg/kg，减幅为 37.65%。不同母质，在花岗岩母质上有较大的增加，平均增幅为 79.68%；而在砂页岩母质上减少。与 N、P 相比，速效 K 更易受气候和施肥等人为因素的影响。由于速效 K 极易受降雨的淋洗而损失，若施肥跟不上则速效 K 含量下降极快，杧果园 K 素的下降主要是由于施肥较少导致。

表 6-6 不同果园土壤 K 素的变化

果园	母质	样品数（n）	全 K/（g/kg）				样品数（n）	速效 K/（g/kg）			
			1980 年		2001 年			1980 年		2001 年	
			变幅	平均	变幅	平均		变幅	平均	变幅	平均
柑橘	砂页岩	9	0.7～26.2	10.1	10.6～44.5	23.3	7	40.0～120.0	66.4	66.3～167.4	120.9
	第四纪红土	14	0.3～14.7	6.9	4.5～35.4	16.2	9	20.0～75.0	46.9	40.9～127.2	85.0
	平均	23	0.3～26.6	9.6	4.5～44.5	18.6	16	20.0～120.0	52.9	40.9～167.4	97.0
荔枝	花岗岩	18	4.3～53.5	16.4	6.3～36.9	16.6	10	20.0～114.0	58.4	18.7～215.9	97.7
	砂页岩	16	1.5～12.0	6.6	5.0～22.7	14.7	13	24.0～114.0	50.4	18.7～217.9	64.2
	第四纪红土	3	8.4～14.9	11.7	15.7～16.5	16.1	2	10.0～109.4	59.6	38.3～89.5	58.6
	平均	37	1.5～53.5	11.0	5.0～36.9	15.7	25	10.0～114.0	56.2	18.7～217.9	80.0
龙眼	花岗岩	8	2.1～25.0	8.6	4.8～6.3	5.5	4	24.0～50.0	42.8	19.2～288.5	95.2
	砂页岩	22	0.5～27.4	12.6	3.5～19.6	14.9	10	50.0～122.0	77.4	7.4～110.9	53.3
	第四纪红土	30	0.6～20.1	7.2	3.5～26.4	6.8	10	1.0～134.8	48.8	19.6～91.6	55.8
	平均	60	0.5～27.4	9.9	3.5～26.4	9.6	24	1.0～134.8	59.7	7.4～288.5	60.1
杧果	砂页岩	17	0.7～17.0	10.9	3.6～29.9	17.0	12	28.0～130.0	62.8	18.7～91.1	48.1
	第四纪红土	16	2.2～20.5	8.8	4.2～21.6	11.2	12	20.0～146.0	54.6	13.5～48.2	24.4
	平均	33	0.7～20.5	9.8	3.6～29.9	14.2	24	20.0～146.0	58.7	13.5～91.1	36.6

（六）果园土壤肥力的综合评价

对不同果园、不同母质，不同的单个指标反映的肥力状况不完全一致，难以客观评判，需对各个因子进行处理，得到一个统一的综合指标，然后进行比较分析。本文采用因子分析法进行统计分析。首先，对数据进行标准化处理。本文采用孙波等人的简化评分函数法进行转换，求得各个指标的隶属度值。然后，利用因子分析计算各项指标的权重系数。本文采用数理统计软件 SPSS 进行处理。从计算出的各主因子贡献率看，前6个因子的累积贡献率已达82.65%，满足信息提取的要求。经因子旋转分析可知，各主因子主要表达的土壤肥力指标：第1个为有机质和全 N，第2个为速效 P 和速效 K，第3个为容重和 ECEC，第4个为 pH 和全 P，第5个为全 K，第6个为表土层厚度。根据计算出的各个土壤养分指标的公因子方差值确定其权重系数。最后，计算各果园土壤肥力综合指标值 CFI（Comprehensive Fertility Index）。土壤肥力综合指标值 CFI 等于环境指标（pH、ECEC、容重和表土层厚度）和养分指标（有机质、全 N、全 P、速效 P、全 K 和速效 K）的乘积，环境指标和养分指标分别等于各自单个指标的权重系数与隶属度值的乘积和，其结果用图 6-1 表示。

结果表明，荔枝园土壤肥力综合指标值（CFI）有一定的增加，即荔枝园表现有一定的进化，这与荔枝园施肥投入较多有关；其他果园 CFI 都在下降，说明果园土壤肥力在退化。其中杧果园退化最严重，CFI 平均下降了 63.8%；龙眼园居次，下降 32.8%。在杧果园，CFI 在第四纪红土母质上下降最多，达 76.86%，退化最严重；而在龙眼园，CFI 在砂页岩母质上下降最多，降了 50.84%。果园土壤肥力的变化，受施肥管理等人为因素的影响较大，受母质的影响相对较小。

四、土壤养分供给不协调的原因

土壤自身特性造成养分缺乏且不平衡。土壤养分状况因土壤类型不同而存在较大差异。渍水田和石灰性土是广西低产田的主要类型，前者因长期渍水淋溶，还原有毒物多，土温低，养分释放慢，速效养分供给能力差，因此土壤养分既缺乏又不平衡，磷、钾缺乏严重；后者因钙质含量过高而降低了磷、钾的有效性，导致养分不平衡。红壤和赤红壤是广西旱地的主要土壤类型，这类土壤酸性强，有机质含量低，一些易于溶解移动的矿物质养分如钾、钙等被淋失而缺乏。

施肥结构不合理，导致有机质含量低，氮磷钾比例失调。调查表明，多数地方在施肥结构上以化肥为主，存在重氮肥、轻磷钾的现象。

绿肥种植面积与秸秆还田面积大幅度减少，导致土壤钾素含量下降。部分地方绿肥种植面积与秸秆还田面积大幅减少。如平南县绿肥种植面积 1990 年为 11 656 hm²，到 2000 年减少至 185 hm²，仅占 1990 年的 1.59%；秸秆还田面积 2000 年为 6 533 hm²，比 1982 年的 11 066 hm² 减少了 40.96%。

第四节　广西红壤酸化

土壤酸化是红壤退化的特殊表现。土壤过酸，会明显影响土壤中微生物的活动、有机质的合成和分解、营养元素的转化与释放、微量元素的有效性以及土壤保持养分的能力等，从而影响土壤生态环境质量和作物的生长。防止生态环境恶化是当今的重要研究内容之一。

调查评价范围为农业区划部门布设的广西农业资源和农村经济信息地面公里网点监测的 36 个县（市、区），耕地面积 102.8 万 hm²，约占广西耕地面积的 40%。其中水田 55 万 hm²，约占广西水田面积的 38%；旱地 47.8 万 hm²，约占广西旱地面积的 43%。与"二普"结果比较，土壤 pH 值平均由 6.39 下降到 6.20，其中水田平均下降 0.35，旱地与"二普"时期持平。水田 pH 值为 6.5～7.5 的下降 33.5 个百分点，pH 值为 6.4～5.5 的上升 25.1 个百分点，pH 值为 5.4～4.5 的上升 8.3 个百分点；旱地 pH 值为 6.5～7.5 的下降 15.5 个百分点，pH 值为 6.4～5.5 的上升 9.8 个百分点，pH 值为 5.4～4.5 的上升 5.7 个百分点，土壤趋于酸性的倾向加大。

广西有丰富的水热资源，非常适宜热带亚热带水果生产。经过近十多年发展，到 2001 年水果种植面积已达 81 139 万 hm²，产量达 406 128 万 t，成为我国第二大热带、亚热带水果生产省区。由于广西水热资源在时空分布上的不均匀性（雨量主要集中在 4—9 月，湿热同季），大量开垦种果，措施不当，容易造成严重的水土流失，养分贫乏，土壤酸化，果园土壤环境恶化，影响水果产量和品质，阻碍广西水果生产的发展。开展对广西红壤果园土壤环境现状的调查研究，提出防治红壤果园土壤酸化的有效措施，对果园生态环境的改善以及水果生产有极其重要的意义。下面就以果园土壤为重点对广西红壤酸化现状进行描述。

图 6-1 为 1980 年土壤普查和 2001 年调查中果园土壤 pH 值的变化情况。2001 年调查的果园土壤 pH 值平均在 5.3 以下，比 1980 年普查时都低，说明广西红壤果园土壤普遍酸化。果园土壤的酸化，主要是由于开垦种果后打破了原有的平衡，有机质迅速矿化分解，缓冲能力降低，强降雨又导致大量的盐基离子流失，Al 的富集，造成土壤的进一步酸化。不同果园，柑橘园酸化最严重，pH 平均下降了 0.95 个单位，龙眼园次之，下降 0.89 个单位；不同母质间，第四纪红土母质酸化最严重，在柑橘园和杧果园 pH 降幅都达 1.2 个单位以上；花岗岩母质次之，砂页岩母质在龙眼园上降了 1.06 个单位，不过，在其他果园降幅相对较小，主要原因可能是由于新垦龙眼园较多，表层土较疏松，水土流失严重，造成盐基离子大量流失的结果。

对广西红壤上的柑橘、荔枝、龙眼和杧果四种果园 151 个样品的统计结果（图 6-1）表明，广西红壤果园土壤酸性较重，pH 值平均只有 4.83，变幅在 3.79～7.47；pH 值在 6.5 以下的酸性、强酸性果园占 95%，其中 pH<4.5 的强酸性果园和在 4.5～5.5 的酸性果园分别占样本总数的 34% 和 49%，两者之和达 83%，分别比 1980 年增加 19 个百分点和 11 个百分点，也就是说，pH<4.5 的强酸性果园增加最多，约占增加样本总数的 2/3；而 pH 在 5.5～6.5 的弱酸性和大于 6.5 中性以上果园的样本数比 1980 年大幅减少，减少样本数约有 2/3 增加到 pH 值在 4.5 以下强酸性果园中。说明广西果园土壤酸化较严重。

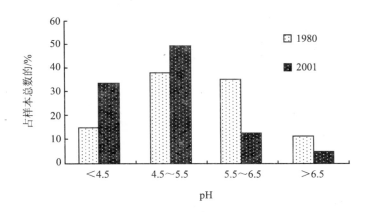

图 6-1　果园土壤 pH 的分布

一、不同施肥水平的果园土壤酸化状况

本次调查的 4 种果园土壤 pH 值都比 1980 年普查时低，说明果园土壤酸化的普遍性，见图 6-2（n =151）。不同果园，其耕作施肥管理不同，酸化程度不同。柑橘园施肥管理较差，施肥又以无机肥为主，有机肥较少，酸化最严重，土壤 pH 值下降 0.95 个单位；龙眼园、荔枝园是广西重点发展的水果之一，果

农积极性较高，施肥比较多，但以无机肥为主，管理水平较低，水土流失较严重，因而酸化也较严重，pH 值下降 0.98 个单位，居次；杧果园施肥管理也较差，水土流失也较严重，但因部分果园施用石灰，pH 值下降相对较少，也下降了 0.64 个单位。说明柑橘、荔枝、龙眼和杧果 4 种广西主要果园土壤酸化都较严重。

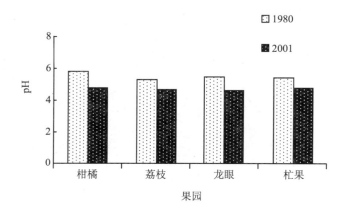

图 6-2　不同果园土壤 pH 值的变化

二、不同成土母质果园土壤酸化状况

砂页岩、花岗岩和第四纪红土三种母质是广西主要成土母质，三种母质占广西成土母质的 78.46%。广西水果主要分布在这三种母质发育成的土壤上，而土壤的岩性直接影响着土壤的酸碱度。因而了解果园土壤 pH 值的变化将有助于果园土壤酸度的调控。表 6-7 说明，花岗岩母质土壤 pH 值最低，即发育于花岗岩母质果园土壤是三种母质中最酸的，砂页岩母质果园土壤次之。但与1980 年普查时的 pH 值比，第四纪红土母质土壤 pH 值下降最多，达 1 个单位，酸化最为严重，花岗岩母质果园土壤次之，为 0.88 个单位，砂页岩母质果园土壤酸化最小，但也达 0.54 个单位。

表 6-7　不同母质果园土壤 pH 值的变化

母质	果园	样品数（n）	pH 值			
			1980 年		2001 年	
			变幅	平均	变幅	平均
花岗岩	荔枝	18	4.30～7.60	5.51	4.04～6.21	4.63
	龙眼	8	4.70～6.00	5.30	4.03～4.86	4.48
	平均	26	4.30～7.60	5.46	4.03～6.21	4.58
砂页岩	柑橘	7	4.30～6.50	5.40	4.61～5.10	4.86
	荔枝	16	4.10～7.40	5.38	3.79～6.89	4.79
	龙眼	22	4.20～7.20	5.44	4.11～4.71	4.38
	杧果	17	3.80～6.20	5.32	3.85～7.47	5.26
	平均	62	3.80～7.40	5.39	3.79～7.47	4.85
第四纪红土	柑橘	14	5.30～7.00	6.19	4.51～6.31	4.93
	荔枝	3	5.40～5.50	5.45	5.00～5.34	5.13
	龙眼	30	4.73～7.00	5.89	4.22～6.79	5.03
	杧果	16	4.90～7.00	5.81	4.00～5.99	4.61
	平均	63	4.73～7.00	5.91	4.00～6.79	4.91

三、不同区域果园土壤酸化状况

广西不同地区，由于生物气候条件不同，果园土壤 pH 值变化也不一致（表 6-8）。桂东有较多荔枝老果园，种在缓坡地上，土壤肥沃，土质疏松，pH 值较高，酸化相对较轻，比 1980 年普查时下降了 0.49 个单位；桂南的荔枝、龙眼新果园，大多种植在较陡的山坡上，由于降雨量及降雨强度都较大，水土流失较严重，pH 值最低，只有 4.45，果园酸化明显，比 1980 年下降了近 1 个单位；桂西降雨量相对较少，加上果园注意施用石灰，因而 pH 平均值不低，达

5.26，只比 1980 年普查时下降了 0.3 个单位。但变幅较大，最高与最低相差 3.64 个单位；桂北是柑橘主产区，失管果园酸化加剧，pH 值 1980 年普查是下降了 0.92 个单位，下降幅度仅次于桂南；桂中龙眼园较多，施肥多以无机肥为主，管理水平也不高，不注意防范水土流失，黏粒及矿质养分流失严重。pH 值下降 0.82 个单位，果园明显酸化。从本次调查看，pH 从高到低的区域依次为：桂西＞桂东＞桂北＞桂中＞桂南；与 1980 年比，酸化严重的顺序为：桂南＞桂北＞桂中＞桂东＞桂西。

表 6-8　不同区域果园土壤 pH 值的变化

区域	样品数（n）	1980 年		2001 年	
		变幅	平均	变幅	平均
桂东	21	4.2～7.4	5.52	4.04～6.89	5.03
桂南	30	4.1～6.8	5.4	3.39～4.86	4.45
桂西	26	3.8～7.0	5.56	3.85～7.47	5.26
桂北	20	4.3～7.0	5.76	4.51～5.14	4.84
桂中	54	4.2～7.6	5.58	4.00～6.79	4.76

四、果园土壤酸性特征及酸害

1. 土壤 pH 值与交换性酸、铝的关系

土壤的酸碱度包括酸性强度和数量两方面。pH 值和石灰位为强度因素，交换性酸量为数量因素。交换性酸量为交换性氢、铝总量，其占阳离子的饱和程度直接影响土壤的交换性能。分析广西 53 个果园土壤结果表明，广西果园土壤交换性酸变化较大，变幅在 0～12.6 cmol/kg，随 pH 值而变化，当 pH＞6，未检测出交换性酸。统计结果表明，果园土壤 pH 值与交换性酸的对数值呈极显著负相关，$r = -0.765\,5^{**}$，$n=53$。说明果园土壤 pH 值主要由交换性酸所制

约。而交换性酸中交换性铝占主要成分，占交换性酸的 80%～100%，平均占 93.33%，若以交换性铝的含量（x）对交换性酸的总量（y）作图，可以得到很好的直线（图 6-4）。其回归方程为 $y = 0.18 + 1.04\,x$，$r = 0.999\,3$**，$n = 53$，可见果园土壤交换性酸主要取决于交换性铝的含量，也就是说，果园土壤 pH 值主要受交换性铝的制约。

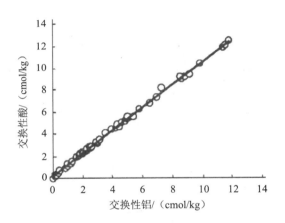

图 6-4 果园土壤交换性酸和交换性铝的关系

2．果园土壤的酸性特征及酸害

表 6-9 为几种果园土壤的某些酸度特征。从表 6-9 可以看出，果园土壤 pH 值平均在 5 以下，有效阳离子交换量（E-CEC）较低，平均在 8cmol/kg 以下，盐基饱和度（交换性盐基/ECEC*100%）平均不足 30%，而 Al^{3+} 的饱和度（Al^{3+}/ECEC*100%）平均在 67% 以上，交换性酸中 90% 以上是交换性 Al^{3+}。红壤果园中活性 Al^{3+} 的大量富集，一方面，由于 $Al^{3+}+3H_2O=Al（OH）_3+3H^+$，而导致果园土壤强酸化（在数值上，土壤 pH 是土壤中 H^+ 浓度的负对数），从而直接影响水果对 P、Ca、Mg、Zn、Mo 等元素的吸收；另一方面，$Al^{3+}+PO_4^{3-}=AlPO_4$，直接把磷固定而使磷肥有效性大大降低；第三，由于 Al^{3+} 的代换能力较强（对红壤，Al^{3+} 为 Ca^{2+} 的 1.8 倍，K^+ 的 2.9 倍），致使盐基性阳

离子被代换而淋失；还有活性 Al^{3+} 的大量存在，造成果树对 Al^{3+} 被动吸收，大量 Al^{3+} 在导管中由于酸度的变化，可能形成 $Al (OH)_3$ 絮状沉淀，堵塞导管而阻碍作物生长。通常认为，如果土壤中 Al^{3+} 的饱和度超过 30%，对一些敏感的作物可产生毒害，Al^{3+} 的饱和度超过 60%，即可使一般作物出现铝害。果园土壤酸性较强，盐基饱和度不高，而 Al^{3+} 的饱和度较高，对果树是否有直接的毒害有待进一步研究，但果园土壤缓冲能力较弱，保水保肥能力较差，对果园的生长不利。

表 6-9　不同果园土壤酸性特征

果园	样品数（n）	pH 值	ECEC	交换性 H^+	交换性 Al^{3+}	交换性 Al^{3+}占交换性酸比例/%	盐基饱和度	Al^{3+}饱和度/%
柑橘	8	4.73	6.24	0.27	4.18	93.93	28.61	67.00
荔枝	16	4.44	7.86	0.38	6.37	94.37	14.15	81.04
龙眼	17	4.51	6.25	0.35	4.72	93.10	18.69	75.52
杧果	12	4.74	5.66	0.29	3.88	93.04	26.36	68.55

五、果园土壤酸化原因及防控措施

（一）果园土壤酸化原因

1. 成土母质

广西红壤果园土壤的成土母质主要有砂页岩、花岗岩和第四纪红土，三种母质其有机质和交换性盐基离子含量都较低，阳离子交换量较小，缓冲能力弱，易受外界环境影响而发生酸化。据有关研究表明，在生态条件及施肥管理等都相同下连续试验 16 年，花岗岩红壤和第四纪红土红壤的 pH 值分别下降了 2.68 和 1.60，而交换性盐基离子含量高、阳离子交换量大的紫色土的 pH 值才下降了 0.07。可见母质对土壤酸化有明显影响。

2. 生物气候

广西温度高，雨量大，湿热同季，生物活跃，有机质矿化快，水土流失严重，盐基淋失或流失多，而铝则大量富集，造成土壤酸化。

3. 施肥管理

施肥管理不同，其酸化速度也有差异。单施化肥，pH 值下降较快，如施用 N 肥，在果园土壤中转化成 HNO_3，一方面 NO^{3-} 被果树吸收，留下 H^+ 而使土壤酸化；另一方面，NO^{3-} 与 Ca^{2+} 形成易溶的 $Ca(NO_3)_2$ 而被淋失，使红壤果园土壤中本来就较少的 Ca^{2+} 更加缺乏。施用 KCl 或 K_2SO_4，K^+ 被吸收后，留下的 Cl^- 和 SO_4^{2-} 除使土壤酸化外，SO_4^{2-} 还可与土壤中的交换性 Ca^{2+} 结合成 $CaSO_4$，从而降低钙的有效性，影响果树对养分的吸收。施用有机肥，不但能改良土壤物理性状，而且有机肥有较强的缓冲性能，使土壤 pH 值下降较缓，甚至提高。广西红壤果园施用化肥较多，有机肥较少，加上管理粗放，水土流失严重，是其酸化的主要原因。

（二）防止果园土壤酸化的措施

1. 施用石灰

施用石灰，不但可直接补充土壤中的 Ca^{2+}，而且可中和土壤中的酸，是改良酸性土壤最常用也是最有效的方法之一。已有研究证明，连续施用石灰 6 年（用量为年施 1 500 kg/hm²），土壤 pH 值高达 7.7，效果明显。对红壤区果园土壤，pH 值一般以 5.5～6.5 为宜，而在 pH 值大于 5.5 时，活性 Al^{3+} 已很低或消失。因而施用时不宜过多，可根据土壤交换性酸量的多少来确定，土壤交换性酸的含量高，则施用石灰量多，反之则少。

2. 增施有机肥

在红壤果园区土壤环境的改善，很大程度上依赖于土壤有机质的提高。而土壤有机质积累量随有机肥量的增加而增加，有机肥用量提高一倍，土壤有机质的积累量几乎也提高一倍。施用有机肥能明显提高土壤 pH 值，在新开土壤果园上施用有机肥 75 000 kg/hm²，两年后 pH 值增加 0.48 个单位，防治红壤果园土壤酸化效果明显。而化肥的施用以中性偏碱性或生理碱性化肥为宜，如钙镁磷肥等，以减少因施肥造成的酸化。

3. 加强果园管理

修筑梯地、种草等，防止水土流失，减少盐基的淋失。由于广西降雨量及降雨强度都较大，而修筑梯地、种草等是防止水土流失的有效措施，也减少盐基的淋失、铝的富集，减少果园土壤酸化。而草还可以翻埋作有机肥，或作牧草用，一举多得。

第五节　广西红壤污染退化

对农业区划部门布设的广西农业资源和农村经济信息地面公里网点监测的 36 个县（市、区）调查评价结果显示：样土中铅、铜、铬、镉、汞、砷、锌、镍的平均含量分别为 55.20 mg/kg、29.72 mg/kg、57.47 mg/kg、0.58 mg/kg、0.21 mg/kg、18.20 mg/kg、93.11 mg/kg、32.34 mg/kg（表 6-10）。

表 6-10　化验样土重金属平均含量　　　　　　单位：mg/kg

项目		铅	铜	铬	镉	汞	砷	锌	镍
平均值	耕地	55.20	29.72	57.47	0.58	0.21	18.20	93.11	32.34
	水田	53.70	27.07	52.03	0.47	0.22	16.06	78.81	24.49
	旱地	59.38	37.09	72.69	0.87	0.19	24.18	119.51	46.83
标准差	耕地	32.95	19.69	42.99	1.02	0.23	29.37	59.32	29.85
	水田	64.22	14.83	35.17	0.74	0.26	28.28	44.97	16.94
	旱地	25.11	27.98	56.96	1.51	0.14	32.40	72.17	32.39

项目		铅	铜	铬	镉	汞	砷	锌	镍
变异系数（%）	耕地	60.00	66.25	74.80	175.86	107.98	161.36	63.71	92.31
	水田	119.59	54.76	67.59	157.45	116.82	176.06	57.13	69.19
	旱地	42.29	75.44	78.35	173.56	74.23	133.98	60.39	69.16
最大值	水田	274.00	128.00	230.00	4.33	2.08	236.00	204.00	70.10
	旱地	136.00	151.00	231.00	7.35	0.59	159.00	258.00	103.00
最小值	水田	13.40	8.81	10.60	0.06	0.07	1.38	34.00	0.94
	旱地	18.90	5.99	11.50	0.02	0.05	2.53	23.10	2.57

37 个样土中，有 5 个检出六六六残留，占 13.5%，含量在 0.005～0.015 mg/kg；有 8 个检出 DDT 残留，占 21.6%，含量在 0.005～0.11 mg/kg。

部分样土重金属含量超标，旱地存在轻度污染与 GB 15617—1995《土壤环境质量标准》二级标准相比，重金属含量水田超标率（超标样土与土壤样土之比）为：铅 0%、铜 0.92%、铬 0%、镉 16.51%、汞 4.59%、砷 10.09%、锌 0%、镍 12.59%；旱地超标率为：铅 0%、铜 5.13%、铬 7.69%、镉 25.64%、汞 7.69%、砷 17.95%、锌 7.69%、镍 53.85%。为了同时兼顾单因子污染指数平均值和最高值，突出污染较重的污染物，采取了单因子指数和内梅罗综合指数相结合的方法，对土壤重金属污染进行评价（以土壤环境质量标准为依据），评价模式如下：

$$P_i = C_i / S_i \qquad P = \sqrt{\frac{\overline{(P_i)}^2 + (P_{i\max})^2}{2}}$$

式中，P_i 为第 i 种污染物单因子指数；P 为土壤环境质量综合指数；C_i 为第 i 种污染物测定值；S_i 为第 i 种污染物的评价标准值；$(P_i)^2$ 为单因子指数平均值的平方；$(P_{i\max})^2$ 为单因子指数最大值的平方。根据单因子指数 P_i 和综合指数 P 值划分等级标准，P_i 或 $P \leqslant 0.7$ 为安全级，$0.7 < P_i$ 或 $P \leqslant 1$ 为警戒级，$1 < P_i$ 或 $P \leqslant 2$ 为轻度污染，$2 < P_i$ 或 $P \leqslant 3$ 为中度污染，P_i 或 $P > 3$ 为重度污染，

P_i 或 P 值越大污染越严重。

通过单因子指数和综合指数计算，得出评价结果为：水田单因子污染指数均小于 0.7，尚未污染；旱地中镉污染指数达到 1.448 6，为轻度污染，砷污染指数为 0.806 2，属于警戒级。土壤综合污染指数：水田为 0.314 7，未污染；旱地为 1.107 6，属轻度污染。

有机氯农药仍有部分残留，但未超过土壤环境质量标准对 37 个样土化验农药六六六和 DDT，有 5 个检出六六六残留，检出率为 13.5%，残留量最大值为 0.015 mg/kg；有 8 个检出 DDT 残留，检出率为 21.6%，残留量最大值为 0.11 mg/kg。根据土壤环境质量标准，土壤中农药六六六和 DDT 的残留量仍在允许范围内。

此外，矿石中还原态硫通过矿山排水、矿渣堆积或尾砂库的泄漏等多种途径进入土壤，与空气接触发生氧化会产生大量的 H^+，导致土壤急剧酸化。关于矿业活动导致下游土壤酸化的报道已屡见不鲜，如西班牙南部的 Aznalcollar 矿区下游 45 km 处土壤仍受矿渣的影响，pH 最低达 2.5；德国 Lusatia 矿区，截至 1998 年近 45 000 hm^2 的矿渣进入周边土壤，导致土壤 pH 降至 2.5 以下。矿业生产中，尾砂库多建于河边、山谷等地势低洼处，存在较高的安全隐患，尤其是遭遇汛期或者洪水时，尾砂库的坍塌会对下游河流及农田土壤造成污染，严重威胁当地的生态环境。仅 1970—2003 年，全球关于洪水导致尾砂库坍塌污染的公开报道就有 35 起。

土壤酸化会加速盐基阳离子的淋失和物理结构的破坏，促进 Fe、Al 等离子活化和 Zn、Cd、Cu 等重金属离子的释放，提高重金属的生物有效性。矿业酸化土壤中还常因含有高的硫酸盐浓度而导致土壤盐分的升高；另外，矿业污染土壤中重金属浓度较高，土壤的酸化会使重金属向生物毒性较大的形态转化。矿业污染导致土壤重金属的污染，同时也会导致土壤酸化。因此，酸化土壤修复是此类土壤污染修复工作的基础，而了解土壤的酸化特征对于控制和修复酸化土壤具有重要意义。本书以广西环江为例，揭示含硫矿渣导致农田土壤酸化的特征和酸化土壤分布特点，为土壤酸化控制和酸化土壤修复提供参考依据。

一、土壤酸度、铁和硫的含量

经显著性差异检验，受淹土壤和未受淹土壤的 pH、Ss 和 St 浓度呈显著性差异（图 6-5）。受淹土壤的 pH 均有不同程度的降低，Ss 和 St 显著升高。受淹土壤 pH 范围为 2.31～6.76，其中极度酸化的土壤（pH<4）样点占总调查样点的 26.9%，占淹水土壤样点的 65.9%。95% 的受淹土壤的 pH 在 3.17～4.58，远远低于未受淹土壤的 6.68～7.26。95% 的受淹土壤的 TAA（土壤实际总酸度）和 TPA（土壤潜在总酸度）在 33.17～80.29，14.32～86.97（H^+）mol/t，表明土壤已经发生酸化并且存在继续酸化的风险。95% 的受淹土壤 Ss 和 St 含量在 160.84～543.23 mg/kg 和 5 897～13 728 mg/kg，远高于对照土壤的 9.84～45.32 mg/kg 和 165～346 mg/kg，也远高于自然土壤的均值 29.09 mg/kg 和 225.67 mg/kg。受淹农田 Fe 含量均值略高于未受淹农田，95% 的受淹土壤的 Fe 含量在 2.83%～6.33%；而未受淹农田的 Fe 含量在 2.53%～4.43%，均值比当地自然土壤的均值低 1.00%。

方差分析表明：未受淹农田中，旱地和水田土壤的酸度和铁、硫浓度之间差异不显著；而受淹土壤中，旱地与水田的铁、硫浓度呈显著性差异（$p<0.05$）（表 6-11）。而受淹旱地的 St、Ss 和 Fe 平均含量是为受淹水田中的 1.70 倍、1.30 倍和 1.47 倍。对于土壤酸度，无论是 pH，还是 TAA 和 TPA，在水田和旱地中均无显著性差异。

二、土壤酸度、铁和硫的空间分布

酸化土壤主要分布于大环江河流两岸（图 6-3）。大环江河流两岸农田土壤酸化程度不同，距离矿点下游 13 km 处的农田开始出现强烈酸化，土壤 pH 降低到 4 以下。而调查的最远点距离矿点 60 km 大环江下游两岸的农田土壤仍然强烈酸化，pH 仅为 3.53。H^+ 和 SO_4^{2-} 同为还原态硫氧化的产物，未受淹土壤中土壤 Ss 含量在 9.84～45.3 mg/kg，而土壤中 Ss 浓度高于 45 mg/kg 的样点主要集中于大环江河流两岸，和土壤 pH 的分布规律非常相似。大环江河流两岸受淹土壤的 St 和 Fe 浓度多高于 540 mg/kg 和 3.62%，远高于远离河岸的未受淹土壤。河流两岸部分受淹农田土壤存在潜在酸化能力（即 TPA 大于 18 mol/t），而远离大环江的土壤 TPA 多为 0，不存在继续酸化的能力（图 6-3）。

从图 6-3 可以发现，受矿渣影响并发生酸化污染的农田土壤主要集中在矿点下游大环江两岸，为污染控制的重点区域。对大环江河流沿岸 3 km 内土壤中酸度、铁和硫的空间分布进行插值分析发现（图 6-4），土壤中还原态硫的氧化产物 H^+ 和 SO_4^{2-} 沿大环江呈带状分布，且河流下游比上游污染严重，其中酸化最为严重的地带为中下游地段的洛阳镇到大安乡之间，土壤 pH 在 2～3；而 Fe 和 St 的分布规律却和 H^+ 和 SO_4^{2-} 空间分布规律略有不同，矿点附近 Fe 和 St 浓度最高，下游其次，而中游的两种元素浓度最低。根据大环江沿岸的地形地貌分布特征，矿点附近即大环江上游，两岸陡峭，坡度较大（通常＞30°），沿岸少农田分布；而中游地势平坦（坡度＜10°），谷地宽阔；下游地势略陡，两岸多梯田。上游由于地势陡峭，矿渣不易淤积，且由于距离矿点较近，可能继续在遭受碱性矿渣的污染；而中游地势平缓，矿渣容易滞留，因此中游洛阳镇至大安乡之间土壤中实际酸度和潜在酸度都非常高。

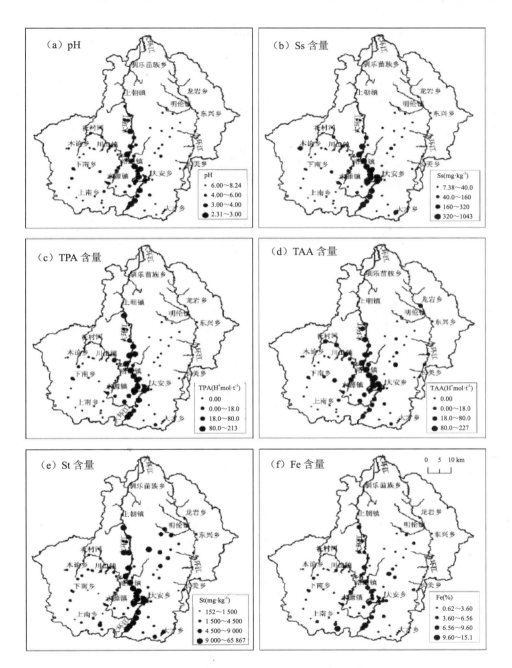

图 6-3 调查区域农田土壤酸度、铁和硫的分布

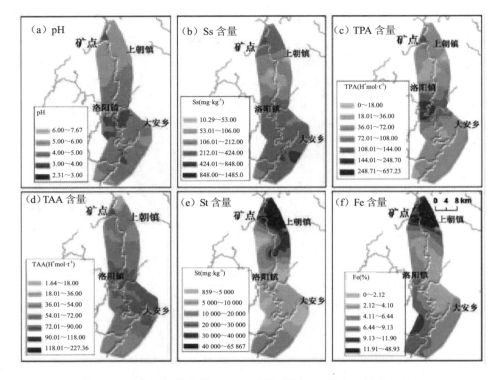

图 6-4　大环江河流沿岸 3 km 内土壤中酸度、铁和硫的空间分布

三、农田土壤酸度、铁和硫的相关关系

未受淹土壤中 pH 与 TAA、TPA，Fe 和 St，Ss 与 pH、TAA 相关（$p<0.05$），而受淹土壤 Fe 和 TPA、pH 和 Ss 也相关（$p<0.05$）（表 6-11）。但受淹土壤中的 Fe 和 St 并不存在显著相关关系，可能是由于土壤中硫的来源除黄铁矿外，还有其他含硫矿物。受淹土壤中 Ss/St 还与 TPA、Fe、pH、St 和 Ss 均极显著相关（$p<0.01$）。Ss/St 可表征土壤中还原态硫被氧化的程度，同等污染程度下，Ss/St 比值越大，土壤中硫氧化程度越高。土壤中 Ss/St 既反映土壤酸化的程度，又可反映土壤受还原态硫污染的状况，受淹土壤中与 TPA、Fe、pH、St 和 Ss

在 $p = 0.01$ 水平上相关，是较好地反映土壤中还原态硫氧化产酸进行程度的指标。

表 6-11　环江农田土壤各相关参数相关性分析

	TAA	TPA	Fe	pH	St	Ss	Ss/St
受淹土壤（n=47）							
TAA	1.000	0.202	0.142	−0.518**	0.068	0.224*	0.141
TPA		1.000	0.363**	−0.422**	−0.030	0.360**	0.299**
Fe			1.000	−0.292**	−0.061	0.386**	0.366**
pH				1.000	−0.037	−0.431**	−0.305**
St					1.000	0.069	0.391**
Ss						1.000	0.541**
Ss/St							1.000
未受淹土壤（n=68）							
TAA	1.000	0.228*	−0.140	−0.553**	−0.095	0.217*	0.184*
TPA		1.000	−0.119	−0.280**	−0.039	0.156	0.111
Fe			1.000	0.127	−0.170*	0.080	0.112
pH				1.000	0.078	−0.211*	−0.174*
St					1.000	0.044	−0.629**
Ss						1.000	0.333**
Ss/St							1.000

*表示 $P < 0.05$；**表示 $P < 0.01$。

四、土壤中硫的形态

用 EXAFS 分析农田土壤中硫形态（图 6-5），对照标准物质图谱，2.480 5eV 处为 SO_4^{2-} 的吸收峰，2.470 9eV 处为 S^{2-} 的吸收峰。未受淹土壤中仅存在少量的 SO_4^{2-}，而受淹土壤样品中除含有大量的氧化产物 SO_4^{2-} 外，部分样品还含有少量的 S^{2-}。根据所受矿渣污染程度、还原态硫的氧化程度和土地利用方式的不同，受淹土壤酸化情况存在明显差异（表 6-12）。109 号和 94 号样品同为受污染水田，但 94 号样品中由于还原态硫尚未发生氧化，Ss 含量仅为 11.29 mg/kg，土壤也未发生明显酸化（pH 为 5.66）。而 109 号土壤样品中还原态硫发生氧化，Ss 浓度增至 550.26 mg/kg，土壤酸化至 pH 为 3.01。但受淹旱地的 Ss 浓度为 250.04 mg/kg 时，土壤已酸化至 pH 为 2.31。虽然 96 号样品土壤含硫量低于 109 号样品，但前者的潜在酸度要比后者高 6 倍，具有潜在酸化能力。

表 6-12　EXAFS 测试样品的酸度、铁硫含量

类型	编号	TAA（H$^+$mol/t）	TPA（H$^+$mol/t）	Fe/%	pH	St/（mg/kg）	Ss/（mg/kg）
受淹水田	109	134.21	7.14	5.72	3.01	16 687.00	550.26
	94	50.91	0.00	1.18	5.66	2 020.00	11.29
未受淹水田	71	0.00	0.00	1.46	7.76	989.12	14.23
	135	6.25	0.00	3.05	6.52	122.23	9.32
受淹旱地	96	227.19	54.32	6.08	2.31	6 587.00	250.04
未受淹旱地	82	5.72	0.00	3.44	8.17	651.05	20.14

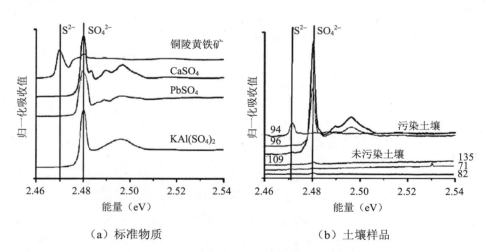

（a）标准物质　　　　　　（b）土壤样品

图 6-5　EXAFS 分析土壤中硫的形态

第七章 广西红壤可持续发展[*]

第一节 发展立体农业

广西红壤地区土地较多，光热资源丰富，但同时又存在农业生产障碍因素较多，生产水平较低、生产结构不合理、效益低等问题。要合理开发利用广西红壤资源，充分发挥其生产潜力，必须充分考虑自然、社会、经济等各方面的因素，依照自然和社会经济的客观规律，对广西自然资源、生态环境及社会经济条件的现状、潜在优势及障碍因素进行充分分析和评估，在此基础上科学划分生态经济区，制订各具特色的资源综合开发利用与生态环境保护和建设的区域规划方案，宜林则林、宜果则果、宜农则农，合理布局。研究和发展各种与地形及其他立体条件相匹配的多层次配置、多物种共栖、多级物质循环利用、协同共生、互相促进的立体种养加一体化开发模式。提出各区域优势资源和特色（生物）产品，主导产业的优化模式，变单一的"沟谷农业"为农、林、牧、副、渔综合发展的高效集约化可持续农业。如在山区可以通过多元多熟的复合种植模式，逐步建立合理高效的粮、经、饲三元种植结构。在稳定粮食生产的同时积极发展蔬菜生产，活跃城乡市场，增加农民收入；主要通过林下种植，

---

[*]本章作者：刘永贤（广西农业科学院）。

发展与草畜动物相适应的青绿饲料产业，开发青饲玉米、割藤甘薯、黑麦草等高产饲料作物。通过开辟青绿饲料资源促进以山羊、黄牛、家兔为主导的畜牧业的发展；多元多熟的复合种植模式建立的三元种植结构还有利于植物的共生互惠，有效利用光、热、水、肥资源，提高经济效益和植被的年覆盖率。

同时要注意发展经济与改善生态环境并重，寓治理于开发之中，形成良性循环农业生态经济系统，其主要对策有：加强基础设施建设，治理与开发并重。广西区域性、季节性干旱明显，严重影响了作物合理配置及高产。因此，在基础设施建设开发中应因地制宜地建地头水柜、打井蓄水，兴建灌溉水渠，增加物质投入，培肥地力等，促进生态平衡和农业可持续发展发展种养结合的立体大农业格局。

在低丘红壤区，因坡缓土厚，适于发展种植业。丘陵上部土层瘠薄干旱，宜种根系分布深、抗逆性强、保水土的水保林和用材林等林灌草；丘陵坡麓土壤相对肥厚湿润，主要种植水稻、蔬菜和饲料作物；丘陵中部适宜发展能吸收心土层水分，生态和经济效益较好的果茶桑园；构成顶林—腰园—谷农立体种植模式。种养结合使丘陵间塘库与其周围红壤的集流面各部分形成一有机整体，良性循环，物质多层利用，多级增值，提高整体综合效益。

在山地红壤区，在坡度较大或土壤侵蚀严重的石山地区以造林、种草为主，造林树种主要有松树、杉木、毛竹等，在土层深厚、坡度较小压的地段宜发展茶园，并可种植果树、油茶等作物，在坡度平缓处，开垦种植旱作物。采取一坡多段的综合配置和林果间套的多层利用，这样即可提高光能和地力利用率。例如，牧草、中草药和林木间作比林木或牧草、中草药单作，既增加了土壤水分含量及其有效性，又提高了土壤养分含量，同时充分利用光能资源。

第二节　培肥土壤地力

　　改良土壤,培肥地力是确保红壤丘陵区坡地农业可持续发展的最重要的措施。可将过去行之有效的低产田土改良培肥单项技术进行科学集成,应用于农业之中。包括增施有机肥,特别是增大作物秸秆直接还地的比例;合理施用石灰,提高土壤 pH 值;氮、磷、钾和微量元素肥料配合施用,保证作物的均衡营养;用地与养地作物实行轮种、间作和套作等。针对广西现有红壤中,生产条件较差、障碍因素多、土壤肥力低的低产耕地所占比例较大的实际,要在加强农田水利基础设施建设的同时,将用地与养地结合起来,以用为主,用中有养,用养结合,培肥地力。要采用合理的耕作制度,调整优化种植结构,宜农则农,宜果则果;要增强土宜性,注重发展茶叶、杨梅、柑橘、花卉、药材等适宜红壤地区种植的经济作物。要注重红壤利用格局的地带性、层状性和微域立体多层配置的特点,因地制宜,大力推广种养结合和农林复合业:种植牧草可有效地减少水土流失、防止土壤退化、提高土壤质量、调节土壤水热状况,因此,要选择适生品种,发展牧草业,发展多种节粮草食畜禽。要在稳定现有种植面积基础上,合理轮作,间作套种尤其是幼龄园地的套种,扩大肥粮、肥菜等兼用的经济绿肥作物种植比例。

一、合理施用化肥

(一) 改善化肥的使用结构,调整肥料比例

　　目前在广西乃至全国的农业生产中,在施用化肥时,普遍存在有重氮轻磷钾的倾向,这需要在今后的养分投入中加以注意。要根据作物的生产特性,结

合土壤肥力状况，并考虑水稻的耕作制度，因地制宜，采取配方施肥、以产定肥、测土施肥或诊断施肥等多种方法，减少氮肥的投入量，调整氮磷钾到合适的比例。

在今后的红壤区域化肥投入中要遵循的原则应是"节氮、活磷、补钾"。"节氮"就是适当减少氮肥的投入，根据作物的实际需要，控制氮肥施用量，同时采用新的施肥方法，减少氮肥的损失，提高利用率，新型缓释控释肥的应用将在这方面发挥重要的作用。"活磷"就是要利用新技术减少磷肥在土壤中的固定和活化土壤中已固定的磷，充分发挥生物体在减少磷固定和活化累积磷中的作用，同时可根据耕作体系和条件，选择合适的肥料品种和施肥方法，各种磷肥增效剂的应用将具有广阔的前景。"补钾"就是较大幅度提高钾肥的用量，除了维持作物高产外，还应将提高作物品质和维持土壤肥力考虑在内。农业生产实践中，应改变传统施肥方式，调整施肥结构，推行平衡施肥，提高肥料利用率，达到营养植物、改善土壤物理性质、提高土壤肥力的目的。化肥与有机肥配合施用是退化红壤恢复重建的重要措施。单纯施化肥，特别是大量施用氮肥，将引起不同程度的土壤酸化，土壤养分不平衡，土壤有机质含量下降，土壤物理性质变劣等，并导致收获物品质下降。应该根据作物需要，合理施用化肥，特别是增施磷钾肥，是提高作物产量的有效措施。据有关研究表明，旱瘠田施磷 60 kg/hm^2，增产 21%～74%；施钾 120 kg/hm^2，增产 17.26%。潜渍田施磷 60 kg/hm^2，增产 12.9%～21.42%；施钾 120 kg/hm^2，增产 10.72%～19.24%。

（二）科学平衡施肥

由于红壤自然肥力较低，其养分的供应远远不能满足作物生长的需要。施用化学肥料能及时地弥补土壤养分的不足，协调作物所需养分的功用，达到提高作物产量，改善产品品质，提高土壤肥力的目的。一般来说，平衡施肥，氮肥利用率可提高 5%～10%，可增加作物产量 15%～20%。在化肥的施用上，应重视与农艺措施相互结合，与有机肥、微量元素配合施用；根据土壤养分状况、作物营养特点、耕作制度等进行科学平衡施肥。目前市面上开发的不同作物专用肥是平衡施肥技术的物化，既增产增收，又推动了现代施肥技术的进步。

在作物必需元素施用管理上，要有机与无机相结合，因土因作物施肥，合理施用大量元素肥料，配施中、微量元素肥料。一是根据各种农作物的需肥规律，保证氮肥投入，增磷补钾，三要素要混合施用，并因土补施硼、钼、锌、铜等微量元素和中量元素肥料。要切实改变目前农民普遍存在的偏施氮肥、忽视中微量元素肥料和盲目施肥的习惯，减少养分的无效投入，控制养分流失。同时，对酸性较强的红壤，可以施用石灰和石灰石粉，调节土壤 pH，提高土壤盐基饱和度，增加交换性钙、镁的含量，降低铝的活性。二是要围绕提高肥料利用率和控制肥料流失，通过实施"沃土工程"，推广"配方施肥"、"平衡施肥"、"平衡配套施肥"等先进适用的施肥技术，开发并应用"3S"施肥技术体系、精准施肥、精确农业等先进技术和高科技手段，将测土、配方、生产、供应、施用等环节有机地结合起来，使施肥向定量化、模式化、复合化、缓释化方向发展，提高科技贡献率。三是要适应效益农业、无公害农产品，绿色农产品和有机食品的发展要求，依据红壤土壤特性，研究并开发与之相配套的一整套的立体化施用的施肥体系，研制开发高效、低残留、高浓度复合的种类农作物专用肥料和有机生物肥料、微生物肥料、氨基酸肥料、海藻类肥料、有机酸类肥料等新型肥料产品和技术。

（三）改善施肥方式

不同种类的肥料施肥方式也不一样，一般认为，窑灰钾肥、钾钙肥等矿质钾肥以作基肥较好，氯化钾、硫酸钾等化学钾肥除可用作基肥外，也可作早期追肥。红壤中钼、硼、锌、镁、铜等微量元素，虽然在酸性条件下可以提高其有效度，但由于受到强烈的淋溶，绝对含量低，施用微量元素肥一般都有较好的效果。特别是钼和硼对于柑橘、大豆、花生、紫云英、油菜等增产显著。在不同熟化程度的红壤旱地上试验，旱大豆用 1 kg 硼砂拌种，增产 11.1%，旱花生用 1 g/kg 钼酸镀拌种，增产 7%～15%，油菜使用硼、钼肥增产 10%～20%。

二、增施有机肥，提高土壤肥力

红壤低产的根本原因是有机质少，大量施用有机肥可以加速土壤有机质积累，土壤有机质含量是土壤肥力的重要指标。开辟有机肥源是增施有机肥的前提。有机肥料是我国农业的特长，它具有肥力全，有机质含量高，肥劲长，来源广，成本低等特点，有其他化学肥料不可替代的特殊作用。它除含有多种养营元素外，还含有丰富的有机质，对促进土壤团粒结构、改良土壤性质有重要作用。有关研究表明，在施用有机肥条件下，土壤 pH 值的下降幅度较施用化肥小，土壤交换性酸含量的增加较小，有机质和钾素含量有较大幅度的提高，土壤速效钾及交换性阳离子的含量均较化肥处理高，这说明有机肥可明显改善土壤肥力。另外配合施用土壤结构改良剂能有效防治水土流失，减少土壤酸害，控制并减小土壤重金属污染，促进红壤培肥。这可能是因为随着有机质的增加，腐殖质逐步成为结构体的主要胶结物质，土粒表面包被的铁锰胶膜逐渐由有机—无机复合胶膜所代替，从而使耕层土壤的水稳性团聚体增加，土壤容重变小，孔隙度增加，通透性良好，缓和了热、水、气、肥之间的矛盾，为土壤和作物的协调，创造了稳、匀、足、适的环境条件。

增施有机肥料还能够提高土壤的蓄水保墒性能，从而达到以肥调水的效果。有机肥与化肥配合使用，能同时供给微生物活动所必需的碳素和速效氮、磷等养分。从而加强土壤微生物的繁殖和活动，促进土壤有机质的分解，放出大量二氧化碳，有助于植物光合效率的提高。可见大量施用有机肥可以不断提高土壤供应水、肥、气、热的能力，增施有机肥又能长期供给作物所需养分，从根本上解决红壤低产问题。

有机肥源主要包括种植绿肥、养猪积肥、秸秆还田、甘蔗淤泥还田等多个方面。有机质经过微生物的分解和合成作用，形成的深色腐殖质与红壤中的矿质胶体结合，形成有机—无机复台胶体，促使以低硅矿质胶体为主的冷性土变为复合胶体为主的生理热性土。胶体品质的改变，从根本上改变了土壤养分的保蓄和供应性能。同时，有机质不断矿化也丰富了土壤营养物质。因此，随着有机质含量的增高，红壤养分状况和供肥能力显著好转。

实施有机肥料商品化。近年来，广西畜禽养殖发展较快，为此，要通过接种微生物菌剂、通气增氧等现代发酵工艺，利用条垛式堆腐、棚式发酵、圆筒发酵、塔式发酵等多种方式，利用规模养殖畜禽粪便、糖厂甘蔗淤泥等重要的有机肥源，经发酵加工腐熟有机肥料，走有机肥料商品化的路子，并使畜禽粪便达到无害化、资源化、减量化利用和处理的环境建设要求。当今，随着广西蔗糖产业的迅猛发展，每年产生了大量的甘蔗淤泥，现在利用甘蔗淤泥接种微生物菌剂发酵出生物肥的技术已经逐趋成熟，在广西涌出了一大批甘蔗淤泥为原料的有机生物肥料厂。

三、恢复扩种绿肥

绿肥是一种花工少、见效快、产量高、用途广、肥效好的优良有机肥源，红壤旱地（果园）种植绿肥翻压后，不但能直接补充各种营养元素，而且可提高土壤的有机质含量。据报道，在丘陵红壤旱地上连续种植三年绿肥后，土壤耕层的有机质、全氮、全磷，含量分别由 6.4 g/kg、0.4 g/kg、0.36 g/kg 提高到12.1 g/kg、0.66 g/kg、0.67 g/kg，分别提高了 89%、65%、86%。在红壤开发新建的果、茶、桑园内，按等高条状间作绿肥，不但能改良土壤结构，增加养分含量，而且有良好的覆盖作用，对防止水土流失，有良好效果。但是，目前红壤开发区的幼龄果、茶、桑园，大部分是套种短期经济作物或闲置，绿肥种植面积很少，特别是春、夏季绿肥更少。果园旱地间作的春、夏季绿肥，必须在旱季到来之前翻压或拔起覆盖树盘。否则，绿肥与果树在伏旱期会产生激烈的争水矛盾，影响果树生长。果园套种豆科绿肥，可通过生物固氮和绿肥压青富集养分，改善土壤结构，提高土壤肥力；增加水果产量，提高产品档次；防止水土流失，减少病虫杂草危害；增加土壤通透性，增强红壤保水保肥性能。绿肥覆盖地面后，还可减少蒸腾作用，减轻土壤水分蒸发，夏季可降低土壤温度，保湿防旱、减少日灼；冬季可保温防冻，改善土壤水、肥、气、热状况，从而促进果树根系、树冠速生快长，为高产、稳产奠定基础。

　　绿肥生产，要摆脱单纯的生产绿肥的观念，要在提高绿肥种植的经济效益上做文章。要在稳定水田绿肥的同时，兼顾水田与旱地绿肥，引进和推广与当地耕作制度相适应的经济绿肥及水保绿肥新品种，重点发展蚕豆、豌豆、绿豆、箭舌豌豆、印尼大绿豆、黑麦草、油莎草、肥田萝卜、菜豆、苏丹草等高效、优质、高产经济绿肥。走肥粮、肥菜、肥油、肥饲兼用的路子。利用红壤区生物循环旺盛的特点，种植绿肥，可以提高土壤有机质含量水平。据研究，在红壤旱地连续三年种植绿肥，翻压量 22.5 t/hm^2，三年后土壤有机质提高 2.5～5.3 g/kg。

四、合理施用石灰，活化土壤养分

　　红壤土壤酸性较强，适量施用石灰主要作用在于中和酸性，提高土壤 pH，提高土温，增加 Ca 含量，消除土壤活性铝、锰等毒害物质，促进微生物繁殖，增强微生物的活性，促进有机质的矿化分解，活化土壤养分，改善物理性质，从而改善作物的生长环境。研究表明，无论是旱土还是水田，施石灰均有一定的增产效果。水田施用量一般不应超过 750 kg/hm^2，旱土一般为 750～1 500 kg/hm^2，最好在翻压绿肥及作物秸秆时施用。在低丘红壤区的适宜施用量为 750～1 125 kg/hm^2，效果最好的可使土壤提高 1 个 pH 单位。有研究结果表明，施用有机肥料配合施石灰可使花生增产 10%，大豆、水稻增产 10%～20%。石灰后效较长，根据轮作换茬制度，选择适宜茬口施石灰是必要的。值得注意的是应该与有机肥配合施用，否则可能引起土质板结。

五、发展秸秆还田和覆盖技术，改善土壤生态

作物秸秆中含有糖类、纤维、脂肪、含氮化合物等，经微生物分解后，可形成大量活性有机质并释放出矿质营养元素，特别是豆科作物秸秆，富含氮素，肥效尤佳。丘陵红壤旱地（果园）秸秆就地还田是一项投资少、见效快、效果好、易推广的增产培肥措施，也是解决广西钾肥资源不足的有效途径之一。据研究，在红壤旱地，每年将收获的二季作物（油菜、花生）秸秆全部返田，按风干物计算 5.4 t/hm²，连续三年后，土壤有机质、全氮比不返田分别提高 1～2.3 g/kg 和 0.106～0.114 g/kg，容重下降 0.04～0.1 c，作物增产 8.3%～15.7%；广西农作物秸秆资源丰富，在长期的农业生产实践中各地已总结出大量利用等秸秆培肥土壤的技术和途径。当前要围绕秸秆的综合开发利用、制止秸秆焚烧，推广秸秆粉碎还田、高留茬等直接还田模式，探索秸秆全量还田模式与技术，应用利用秸秆养畜、过腹还田和秸秆气化等模式，示范、推广秸秆冬季覆盖、秸秆快速堆腐等实用技术。

覆盖包括残茬覆盖、秸秆覆盖、活体覆盖以及塑料薄膜覆盖，覆盖物在雨季具有防止雨滴的剧烈打击，有利降水的入渗；在旱季，可以降低地表温度，减少土壤水分蒸发；同时除了塑料薄膜覆盖外，覆盖物都参与了土壤养分再循环，有利于良好土体结构的形成；另外，覆盖物还为土壤动物、土壤微生物提供适宜的生境，使其参与促进底层土壤水分向上运动。但是，覆盖技术在红壤旱地上的应用还较少。研究表明，以秸秆为覆盖物的免耕覆盖技术使低丘红壤出现凋萎含水量的次数比常耕少，地表最高温度大于 4℃ 的次数仅为常耕的一半。马渭俊等的研究结果也表明，玉米生育期间，秸秆覆盖、活体覆盖分别比对照减少径流量 182 mm 和 89 m；减少蒸发量 234 mm 和 144 m；增加渗漏量 187 m 和 65 m。

第三节　改革耕作制度

因土种植。农作物都有自己的宜土特性，按作物宜土种植，不但产量较高，而且培肥改土效果也显著。可以根据红壤的熟化程度，选择最适宜的作物既可充分利用红壤的增产潜力，又有良好的养地效果。

新垦旱地肥力差，宜种性窄，在投有大量有机肥料和其他许多措施配合的情况下，只有少部分作物、绿肥和树种适合种植，这类作物通常被称之为红壤地上的"先锋作物"或"先锋树种"，它们是甘薯、花生、马铃薯、芝麻等农作物、茶叶、油茶、油桐、桑、柿 柑橘、梨、桃等园林作物，肥田萝卜、豇豆、光叶紫花苕子、紫云英、猪屎豆、紫穗槐、胡枝子等绿肥牧草，以及马尾松、湿地松、合欢、泡桐、桤木等林木。因土种植是相对而言的，因为红壤的熟化程度及其熟化的快慢，取决于人们的投入，如果在开垦初期能修筑水平梯田，施用大量有机肥，及时灌溉等满足作物生长发育的需要，就没必要考虑所谓的"先锋作物"了。

广西红壤最常见的障碍因素是酸害铝毒。如果选用耐酸及耐铝毒作物就可大大减少困消除铝毒所需的投入。此外，缺磷也是一个严重障碍因素，如果能选择耐低磷的作物或者种植能较好利用难溶性磷的甜菜、花生、油菜等，也可降低磷的投入。

合理的耕作制度可使土壤中水热动态趋于稳、匀、足、适，使合理利用红壤的过程成为改良红壤的过程。可以通过合理安排茬口，搞好田间耕作管理，这样不但可以提高作物产量，而且可以不断改善土壤肥力。因为广西红壤的土壤类型繁多，根据作物的宜土特性进行种植，不但能提高作物产量，而且使土壤利用率和生产力达到最佳，培肥改土效果也十分显著。在熟化程度低的红壤上，可种植"先锋作物"、"先锋树种"。合理间作套种，稳定水热动态，促进作物之间的生理协调，增加多样性，特别是在高温多雨的季节，能保持持续多层的植被来缓冲雨水的冲击，增加土壤水的渗透，减少水土流失。

一、调整作物结构和布局

通过调整农业结构，变单一的传统农业为农、林、牧、副、渔综合发展的高效集约持续农业，实现该地区各种资源在时间和空间上的优化配置，形成茶果、蚕桑、竹木、畜禽及水产等新型支柱产业，变资源和区位优势为经济及持续发展优势。

可采取双三制（即双季稻三熟制）种植面积，重视旱粮生产，增加经济作物和饲草饲料作物的播种面积，提高水耕生态系统的多样性（或异质性），发展"两水一旱"（如两季水稻+冬种马铃薯或冬种蔬菜）或水旱轮作及旱地间混套轮作多熟制等新型耕作制度。同时，应大力发展各种林农间作、果农间作、林牧结合的山丘立体农业模式。

优化种植业结构，应重点发展高产、优质、高效特色经济作物。大力发展名特优生产，把增加优质农业产品比重作为种植结构调整的重点，从市场需求出发，调整产品结构，更新粮食品种，增加优质粮食和高附加值经济作物生产。提高旱杂粮的比重，扩大经作作物比重，促进特色农业经济的发展。大力发展旱地农业，开发丘岗旱地，通过间套作发展多熟种植，开发冬季农业，发展粮饲兼用作物生产。大力推广间混套作技术，促进耕制调整，提高土地的产出率和经济效益。要改温饱型传统耕制为优质高效型耕制，扩大多熟高效新耕制比重，解决粮经、经经争地矛盾。

红壤低丘岗区农田种植结构调整的方向是对部分中低产稻田进行改制，适当调减早稻面积，尽快调整早籼稻、大力发展优质稻、玉米；大力发展适销对路的特色经济作物和高价值作物，如烤烟、西瓜、"双低"油菜、蔬菜、高粱等作物，在旱坡地重点发展甘蔗、木薯等特色经济作物，逐步形成专业化、规模化、集约化生产；按照市场供求情况，抓好产品系列开发，形成产品优势。本区在不断提高农业综合生产能力的基础上，适应市场，调整农田种植结构，调整品种和品质结构，向提高产品质量要效益，向搞好加工转化要效益，按需要生产，以销定产，满足了市场对农产品优质化和多样化的需求。

改革传统的种植习惯和复种制，通过水旱轮作和旱地间作等方式，种植业（粮、经、饲）结构调整和优化，发展高效优质立体复合种植模式，大力发展区域优势作物和名优新特品种和作物，加强配套技术研究和推广，从而建立了优化的粮食作物、经济作物等多元结构，提高了农业资源的综合利用效率，促进了特色农业发展，增加了农民收入，促进了社会经济可持续发展。

二、充分利用冬闲田，优化周年种植制度

充分利用冬闲田，进一步提高复种指数，冬闲田的大量存在，浪费了丰富的光、热、水资源。由于冬闲5～7个月之久，不仅白白地浪费了全年光照的35%～45%，积温的25%～35%，降水的30%～60%，少利用一季土地，降低了复种指数，而且使土壤中有机质分解释放出来的养分遭到淋溶、挥发而损失。因此必须充分利用冬闲田，不断提高复种指数。

冬闲田开发的重点应针对冬作结构单一（其中绿肥比重占冬种面积的50%左右，油菜占30%左右，而春粮比重极小）、产量低、效益差等特点，以消灭冬闲田为突破口，在提高绿肥鲜草单产的同时，稳定或适当压缩面积，增加油菜、马铃薯和蔬菜等的种植面积，并实行绿肥过腹还田，促进农牧结合。此外，广西也有相当面积的秋闲田，因秋旱不能复种双季晚稻，可发展秋玉米、秋大豆、秋薯类等，并组成玉米间作大豆、玉米间作薯类以及大豆间作薯类等方式。

三、大力发展间作套种，开发立体农业

发展间混套作。在红壤旱地上发展间混套作，实行全年"绿色覆盖"，做到"根不离土，土不离根"，既有抗旱保墒、抢时间争季节、保持水土的作用，又能大幅度提高旱地生产力、培肥土壤肥力，具有显著的经济效益、社会效益和生态效益。有研究结果表明，旱地发展间混套作 8 熟制，可使单位产量和产值比现有旱地平均提高 4～8 倍，且可使土壤有机质由试验前的 1.981 6%提高到 2.395 6%，水解氮由 9.62 mg/100g ±，提高到 12.75 mg/100g ±；速效磷由 29.62 mg/kg 提高到 65.24 mg/kg，速效钾由 192.60 mg/kg 提高到 201.16 mg/kg，同时土壤微生物量也大大增加，如微生物总量由试验前的 350.98 万个/克干土增加到 20 074.33 万个/克干土。因此，开发南方红壤地区，必须特别重视发展间混套作，挖掘旱地生产潜力。

对红壤生态系统来说，通过合理间作套种，特别是安排豆科绿肥和豆科作物参与间套，可以稳定水热动态，防止冲刷，减轻干旱，促进作物与土壤之间的协调，有利于提高作物产量，恢复和培育土壤肥力。经研究，红壤旱地推行以大豆为中心的间套轮作，如油菜、旱大豆—芝麻（红薯），肥田萝卜（绿肥）—旱大豆；果、茶园行间推行果油、果饲、果粮、果肥间作，如在幼龄果、茶园行间每年间作冬、夏二季绿肥或合理间作油菜、大豆、花生、西瓜、玉米、红薯、马铃薯等，"以短养长"、"以园养园"是充分利用优越的光热水气候资源，挖掘红壤生产潜力，培养地力和改善农田生态系统的好办法。研究表明，在柑橘尚未郁闭前套种花生，能显著改善高温干旱期的橘园小气候，具有降温保湿作用，地表土温降低 1.6～4.4℃，0～20 cm 表土含水量提高 4.8～7.4 个百分点，6 年内有机质提高 22.2 g/kg，全氮增加 33.6%，柑橘产量提高 14%～23.8%。

低丘红壤地区历来有间作套种的习惯。近年来，不仅间套种面积逐年扩大，

而且形式更多，增产越来越显著。对红壤生态系统来说，通过间作套种，可以缓冲水分、温度的剧烈变化，促进作物与投入之间的协调，从而夺取高产。间作套种主要功能在于高温和多雨季节保持连续、多层的植被，缓冲地面上下水势状况的剧烈变化。高粱大豆间作行间与二者单作行间比较，温度变幅和热周期变幅都变小，绝对最高温度低 5.5℃。同时，地面大气相对湿度较大，日变幅较稳定，间套作日平均湿度比单作高 7%～8%，变幅小 1%～16%，耕层土壤含水量高 1.7%左右。

四、建立合理的轮作体系

建立合理的轮作体系。在南方红壤地区，要着重做到：① 稻田年内水旱复种（亦称年内水旱轮作）。如实行绿肥—早稻—晚大豆+玉米、绿肥—玉米+大豆—杂交稻；绿肥—早稻—甘薯+玉米（或大豆）等。② 稻田年间冬作物轮换。为保证粮食生产，稳定双季稻面积，可实行年间冬作物轮换，如桂北地区可实行紫云英—双季稻—小麦—双季稻—混播绿肥（红花×油菜×萝）—双季稻，绿肥—双季稻—油菜—双季稻—蚕豌豆—双季稻等；在桂南地区可采用冬玉米—双季稻—冬薯—双季稻—蔬菜—双季稻等。③ 稻烟水旱轮作。双季稻田可改种春烟+晚稻后，再种植双季稻，进行时间和空间的轮作。④ 旱地复种轮作。旱地作物多种多样，所组成的复种轮作方式也丰富多彩。如实行蚕豆=甘薯+玉米—油菜=玉米+大豆—芝麻—混播绿肥—甘薯，大豆+玉米—芝麻+绿豆—油菜；花生+玉米=大豆+玉米等。

合理轮换种植不同作物，实行深耕和作物的换茬，豆科和粮食、经济等作物的轮作，能平衡、充分地利用土壤中的营养物质并提高土壤肥力。轮作倒茬应考虑茬口和作物的特性，合理搭配耗地作物（如水稻、玉米），自养作物（如大豆、花生），养地作物（如草木樨、紫云英），如采取绿肥作物与大田作物轮作，豆科作物与粮烟作物轮作以及水旱轮作的方式进行合理轮作。连续 18 年的定位试验研究结果表明，在红壤旱地不同间作系统下，间作的土壤肥力指标普遍高于单作，不同作物间作对防止红壤退化或进行退化红壤的恢复重建具有十分显著的效果。曾希柏研究了 4 种稻田耕作制度，发现水稻产量以稻—稻—肥（紫云英）较高，土壤有机质含量亦以稻—稻—肥（紫云英）最高，其次为稻—稻—油，稻—稻—麦的增加幅度则较小，而稻—稻—冬闲耕作制下有机质含量下降，氮、磷、钾含量亦较低。

红壤旱地（果、茶园）轮作制的配置，应根据不同熟化阶段科学安排用地与养地作物的搭配比例，红壤项目区的做法是，新垦红壤旱地和果、茶园，以改土培肥为主，用地与养地作物比例以 1∶1 为宜，以豆科作物和绿肥为主，采用大豆、花生、红薯、西瓜、绿豆、春夏季绿肥与油菜、冬绿肥轮作换茬，一年一熟或一年两熟制，其中冬绿肥面积在 112 以上，春夏绿肥面积在 1/3 上；红壤初步熟化后，用地与养地作物比例可上升为 1.5∶1 或 2∶1，并可适当增加复种指数和经济价值较高的作物比例，果园冬季绿肥面积一定要稳定在 1/2以上，春夏季绿肥面积要保持在 1/3 以上。

合理轮作换茬，能在一个年周期或一个轮作周期内解决作物与土壤之间的供需矛盾，并保持连续性的均一植被，这在高温和多雨季节尤为重要。生产者必须根据当地的气候特点安排好各季作物茬口，做到间作套种，茬茬扣紧。新垦红壤多采用花生—肥田萝（绿肥）；甘薯—肥田萝（绿肥）一年一熟制，或花生—油菜（早熟种）一年两熟制。

五、实行深耕细作与少耕免耕相结合

合理的耕作可以调节土壤固、液、气三相比例，增强土壤通透性，加速土壤熟化。深耕可以增强微生物的活性，加速土壤有机质的分解转化和矿物质养分的释放，提高土壤有效养分含量。过于频繁的耕作易使土壤有机质分解过快而损耗有效养分，故应在满足有效养分供应的前提下，减少耕作的次数。但是红壤旱地耕层浅薄,不能满足作物根系伸展及正常生长发育所需的良好环境和营养范围,应进行合理深耕,可创造一个深厚的均一的肥沃的耕作层,促进土壤熟化。雨后进行中耕及表土埋草深松耕作等措施对于吸蓄雨水,减少蒸发,缓冲水分、温度的剧烈变化有明显的作用。

因此,深耕细作与少免耕结合在红壤地区要因地制宜,对于土层浅和肥力低的土壤,进行深耕细作可显著提高作物产量和改善土壤对于水土流失较严重的地区,实行浅耕、少耕或免耕,可以有效地保持水土,改善作物的生态环境,从而提高作物生产力。

第四节　改善水利条件

一、多模式、多元化推进农田灌溉工程

为了克服季节性干旱对农业生产的束缚,改善作物生产的自然生态环境,促进红壤区的光热水土资源有效利用,我们在蓄水工程与现代节水灌溉技术结合方面进行了探索:在作物种植区建造防渗漏的小形蓄水池或蓄水坑及时收集地表径流和雨水,同时采用滴灌技术与其配套。与平原地区相比,雨水资源化问题在丘岗坡地农业开发中处于举足轻重的地位,而实现雨水资源化的技术核心是水利工程化。区域内集中的降雨只有靠塘堰的集蓄才能成为有效的农业水资源而被作物利用;依靠功能完善的水利设施对水资源进行适时调度,才有可能从根本上消除红壤地区季节性旱、涝对丘岗坡地农业的灾害影响,确保区域农业的可持续发展。因此,在开发丘岗坡地之前,必须首先进行水利设施的配套建设。一是要大力整治和完善现有的水利设施,恢复已丧失的蓄、引、提水能力;二是要因地制宜地兴修小水利,包括一些微型塘堰、小蓄水池等,以增

加水资源的调度与保障能力，这样既蓄了水，又减轻了上半年暴雨水害的威胁和秋旱的困难，把水害变成水利。

引水灌溉是旱季稳定土壤水分状况的重要措施。据研究，红薯旱季灌溉，块根增产 81.34%～118.24%，茎叶增长 41.95%～100.66%。同时，灌溉可使 0～15 cm 土层地温降低 5～6℃，显示出良好的稳温效果。丘陵红壤区要实现蓄、引、提三结合，通常有以下四种解决办法：一是山前丘岗，依山傍丘，可利用渗水源层层拦蓄，修建山塘水库；二是盆地中波状低丘，可利用丘同洼地逢沟筑坝或河旁提水灌溉；三是地势平缓连片的滨端河旁丘岗阶地，既可提水上田，也能在其上游筑坝建库；四是远离水源的丘岗，在其坡麓打井提水灌溉，以缓解干旱缺水矛盾。

在石山地区可以利用地头水柜配套微蓄滴灌技术，该技术具有水资源的季节性调控、节水增产、不受地形限制、同步均匀施肥、投资少等优点。在南方丘陵红壤区具有较好的技术适用性。它的应用与推广对解决丘陵红壤区季节性干旱，建立良性的水分平衡系统和土壤水分循环系统，促进土壤侵蚀区农业生态群落的修复与重建，具有重要的参考价值。

二、改进灌溉技术，提高水资源利用率

我国目前的农业灌溉用水量平均为 8 850 m³/hm²，一些地区高达 10 500 m³/hm²，农业灌溉水的利用率只有 40%；而世界发达国家的灌溉用水量一般为 6 000 m³/hm²，以色列只有 5 700 m³/hm²，灌溉水的利用率平均比我国高出 1 倍。其原因是我们的灌溉技术相对落后，明渠输水、淹灌、漫灌中的水资源浪费非常厉害。因此，必须十分重视水资源的科学管理，积极推广管道输水、滴灌、喷灌等现代节水灌溉技术，提高水资源的利用率。如果现有耕地的灌溉用水量能够降低 1 000 m³/hm²，长江中游地区 1 320 万 hm² 耕地上节省下来的水资源就足以使新开丘岗坡地成为有灌溉保障的稳产农田。

水利是旱地农业生产基础的基础。加强旱地水利设施建设，改善旱地灌溉条件，是提高旱地生产力的根本途径。旱地原有为数不多的水利工程，因长期失修即使有水作物也得不到灌溉。因此，必须加大投入力度，尽快修复以发挥其作用，同时要改进灌溉方法，把渠道输水漫灌，改为衬砌渠道输水灌溉或利用管道输水灌溉，提高水的利用系数。若大面积发展地下管灌、喷灌、滴灌等节水技术，节水效果将更显著。

除水利工程措施之外，还应采取适宜的耕作措施，提高丘岗坡地土壤的蓄、保水能力，发挥"土壤水库"的作用。据测定，在开发丘岗坡地中采用等高梯土、深沟撩壕、开挖竹节沟和地表秸秆覆盖等技术措施，可增加土体（0～100 cm）年贮水库容 117 mm 以上，使地表作物能够有效抵御 10～15 d 的高温干旱。

三、利用新成果、新技术，提高作物水肥利用率

推广避旱抗旱生态栽培技术。优化种植制度，选择抗旱作物品种，采用避旱抗旱栽培技术，实行免耕、少耕和秸秆覆盖还地等，是提高水土资源利用率与生产效益的重要措施。坡地农（作物）、林（果木）、草（牧草）复合经营，藤蔓作物（红薯）、固氮作物（大豆、花生）与高秆深根作物间种套作，既有利于水土保持，又能使不同土壤层次中的水分和养分得到合理利用，提高坡土的生产性能。

科学使用农用保水剂。农用保水剂能吸附自身数百倍的水分，而且吸附力比较强，持续时间较长，施用后可使土壤保持较长时间有效水分的供应，因而，种植香蕉、杧果、龙眼、荔枝、柑橘梅等经济作物的丘陵红壤，可以应用农用保水剂等新肥料品种，保持土壤水分均衡供应，改善和提高农产品品质。有条件的地方，还可以应用喷灌、滴灌、微滴灌、带灌等农业基础设施，发展水肥一体化应用先进技术。

第五节 防治土壤退化

一、减少污染源

根据污染的途径不同，有针对性地制定一系列措施，控制各种污染源对土壤的影响。控制排污种类及排污总量，对可能造成土壤污染的污染源加以治理，严格限制污染物质进入土壤。采取切实有效的措施控制和消除工业"三废"的排放，控制化学农药的使用，合理施用化学肥料，加强污灌区的监测与管理等。

二、综合治理

治理已被污染的土壤应长期努力，采取综合治理、逐步修复的生态治理措施，控制和消除进入农业生态系统的污染物。土壤污染的综合治理措施主要有以下几方面。

工程措施。包括客土、换土、去表土、翻土、隔离法、清洗法、热处理等。

生物措施。包括生物吸收，生物降解、生物修复等。重金属污染的特点是不能被降解而从环境中彻底消除，只能从一种形态转化为另一种形态，从高浓度变为低浓度；且重金属能在生物体内积累富集。所以，重金属的生物修复有两种途径：其一，通过在污染土壤上种植木本植物、经济作物以及生长的野生植物，利用其对重金属的吸收、积累和耐性除去重金属。其二，利用生物化学、生物有效性和生物活性原则，把重金属转化为较低毒性产物（络合态、脱烷基、改变价态）；或利用重金属与微生物的亲和性进行吸附，降低重金属的毒性和迁移能力。生物修复具有处理费用低、对环境影响小、效率高等优点。已有报道紫花苜蓿对 Pb 具有较高的富集能力。苎麻是较强的吸 Cd 耐 Cd 植物。有研究发现蜈蚣草、大叶井口边草是 As 超富集植物。香根草对 Cd、Cr、As 等的忍耐积累程度远高于一般植物（几十倍到上百倍），且生物量大，在短时间内通过根系吸收可去除土壤中相当一部分有毒物质。

化学措施。加入改良剂，包括沉淀剂、抑制剂、消除剂、拮抗剂、修复剂等。徐明岗等研究表明，配施石灰、有机肥和海泡石改良剂后显著提高了供试作物小油菜的生物产量，并明显降低小油菜对土壤重金属的吸收量。

农业措施。包括增施有机肥料、控制土壤水分、选择合适形态的化肥、选择抗污染品种、改变耕作制度、改种木本植物及工业用植物等。

完善法制。严格执行国家有关污染物排放的标准及法律法规，加强对污水灌溉、固体废物的土地处理的管理。发展清洁生产，减少"三废"的排放量，以减轻对环境的影响。

三、防治土壤侵蚀，保护土壤资源

土壤侵蚀在造成水土流失的同时会带走土壤中的养分，使土壤养分含量下降。对于自然土壤，要增加植被覆盖度；对于耕作土壤，要搞好农田基本建设，进行科学的耕作施肥管理。在水土流失区，自然土壤条件很差，植被难以恢复，需要采取各种有效的水土保持措施，恢复退化土壤生长植物的功能。首先，在侵蚀坡面应改变不合理的经营管理方式，运用封山育林、种子库恢复、乡土物种恢复等技术，管理林下植被、改造林分、择伐及透光抚育；其次，全面采用筑台地、水平沟、挖穴、修建生物篱笆，等高耕作，充分利用生态位优化配置和群落组建技术，采用封禁、先锋林草引入、经济林培育等措施，在此基础上修建水平梯田、撩壕等，增施有机肥，进行乔、灌、草、经济林搭配建立生态林果园。

另外，可依据红壤丘陵区气候、土地资源的立体特征以及利用现状，应用生态学原理和方法,在稳步增加粮食产量和生猪头数的基础上,提出和建立"喂猪养鱼农田草,调节水热园林草,固土截水篱笆草,牛羊鹅兔人工草"的牧草种植模式,作为退化红壤肥力恢复的农业发展模式。

四、消除有毒物质,改善养分供应

土壤中存在的有毒物质会降低微生物的活性而影响养分的转化,影响根系对养分的吸收利用。消除土壤有毒物质可以改善植物营养环境,对土壤养分的调节具有重要作用。有毒物质造成的危害主要有:土壤酸性或碱性过强所致的酸害或碱害,土壤中 0.3%以上的盐分含量所致的盐害,低洼或长期积水的稻田以及水分过多的土壤产生的 H_2S 等所致的还原物质毒害,工业"三废"所致的污染危害。可采取水利工程、生物改良、农业改良、化学改良等综合措施消除土壤中的有毒物质,提高土壤养分的供应水平。

广西红壤处在高温多雨的条件下,硅酸盐矿物强烈风化分解,硅和盐基从土壤剖面上迁移出去。铁、铝氧化物出现积累,黏粒矿物、次生矿物形成,从元素迁移程度来看,硅为 52%～62%的迁移率,钙为 75%～90%,钾为 62%～68%,钠为 77%～90%,从而使土壤呈现酸性或强酸性,土壤 pH 为 4.5～5.3,土壤阳离子代换量为 8～15 me/100 g,盐基饱和度小于30%。土壤酸性条件加速了阳离子的迁移,如 NH_3、K、Ca、Mg 等,对农作物(特别是豆科作物)的生长产生不利影响,妨碍土壤有效微生物的活动。同时酸性会导致 Al、K 毒害和其他养分缺乏。施用农用石灰石粉如白云岩类等,可以降低 Al、Fe、Mn 的浓度,提高土壤 pH 和 Ca、Si 的浓度,特别是 Ca 的浓度可维持很长时间,进而提高多种养分(如磷)的有效性,并能改善 K 在土壤中的转化。施用石灰石粉可提高土壤阳离子保持健力和肥料施用效益,明显提高各种作物的产量。

第六节 防止水土流失

水土流失及其诱导的各种生态环境问题已成为农业持续发展中最严重的障碍因素。因采取生物和工程措施相结合，开发与治理相结合，长、中期与近期利益相结合的办法，综合治理水土流失，保护生态环境，在大于 25℃的陡坡地，可采取封山育林、造林种草等生物措施；对已垦复种而生态环境脆弱的地方应退耕还林；轻度侵蚀、小坡度的缓坡丘、岗地应发展经济果林、桑、茶或经作、饲料作物，并实行等高开垦种植，构筑梯田，开挖竹节沟等水土保持措施，推广少、免耕技术，秸秆还田和地面覆盖等耕作措施。

推行保土耕作，增加地表覆盖是控制坡耕地水土流失的有效措施。一是改变传统的顺坡耕作为横向耕作或等高耕作。改变微地形，增加地面糙度；利用作物自身拦挡泥沙，阻滞径流，提高地表的抗蚀能力；二是推广水土保持耕作技术，提倡少耕，深耕或免耕技术，因地制宜进行条带耕作或沟垄耕作，减少对地表的扰动；三是根据作物不同特性和收获期进行间作套作或休闲轮作，增强雨季地表覆盖，减少水土流失。

同时，植被状况的好坏，对水土流失具有重要的影响。因此，要防止水土流失，首要的任务是改善植被的生长状况，增加土壤的植被覆盖度。红壤地区水、热条件好，植物生长迅速、恢复速度快，因此改善植被生长的主要途径是封禁治理育林、疏残林的补植和荒山绿化，建设草灌乔多层植被，同时，搞好经济林地复垦的水土保持工作。根据报道，在采取封禁治理育林、疏林补植、禁止人为破坏等措施后，一般只需要 3～5 年的时间，就可使植被覆盖率达到60%～70%，且具有较好的草灌乔结合的植被结构。在边远山区封山育林、疏林补植和禁止人为破坏存在的问题是，该地区尚有部分农村燃料问题没有得到完全解决，仍然依靠砍伐天然林来弥补燃料的不足。据研究，目前解决此问题的最佳途径：一是实行开源节流，通过办沼气、小水电提供部分能源，通过推广省柴灶、节煤炉等提高燃料的利用率，节省燃料；二是对自然植被实行分期、有计划的砍伐，一般砍伐一次自然植被应隔3～5年以上，且在砍伐中应注意保留乔木等木本植物，这样不但可减少水土流失，而且土壤肥力也可得到一定程度的改善。

土地开垦利用后，如不及时种植草本植物或有关作物，则极易造成水土流失，有的甚至是一边开垦一边流失。所以，解决好坡地开发与水土流失的矛盾，做到合理开垦土地，在建设生态农业中具有十分重要的意义。

土地的过度利用也是造成水土流失严重的一个主要方面。过度利用土地，将使土壤养分含量下降，植物生长变差，植被覆盖度下降，并会导致土壤退化。从这一角度出发，实行用地和养地相结合的利用方式十分必要。如在轮作中加入一季豆科作物，这样既使土壤得到了休闲，又可获得一季收获物，具有一举多得的作用。

红壤地区目前主要的工程措施：一是水土保持林建设；二是修筑梯田。众所周知，林木对水分保持和调节的作用是十分巨大的，建设水土保持林应注意的问题是树苗生长初期的水土保持问题。梯田的作用在于拦蓄降雨从而减轻降雨对土壤的冲刷，使径流所带走的泥沙量减少，同时由于水的流速减缓，使入渗期延长，土壤入渗量增加，从而有效地减少了水土流失。所以，对红壤地区而言，在经济条件许可的情况下，坡度较大的农田均应尽快修成梯田。

由于水土流失及其诱发的各种生态环境问题已成为本区农业持续发展中最严重的障碍因素，而且有进一步发展的态势。因此，必须针对该区特定的地质地貌条件和土壤侵蚀特征，在分类分区的基础上，以小流域为单元，注重生物措施与工程措施的结合、治理与开发的结合、长期与中期及近期利益的结合。依据上述原则，本区最基本的水土保持型模式可概括如下：在坡度大于25℃的中度至严重侵蚀的陡坡地上，必须封山育林，并在林木生长早期林下种草。同时，对那些已实施陡坡耕种的生态脆弱地段实行退耕还林；在侵蚀轻微的坡麓或岗地上，采用等高带状种植方式，发展经济作物和饲料作物。当然，本区在水土保持方面尚有许多其他成功的模式和技术。尤其是一些水土保持型耕作制度和复合农林业系统及其相匹配的土壤表面管理措施，如少免耕技术、秸秆还田、地表覆盖等。这些水保措施实施后，通常可获得明显的效益。针对低丘岗地既是本区潜力最大，近期开发条件最好，但同时又是水土流失最为严重的层带这一特点，研究和发展各种防止或减少低丘岗（台）地土壤侵蚀和恢复退化生态系统生产力的各种水土保持型持续耕作制度，具有特别重要的意义。

以生物措施为主治理水土流失，封山育林是使水土流失地区恢复植被、控制水土流失的主要措施之一。本区高温多雨的气候条件十分有利于植物的生长，只要停止人为干扰，在不长的时期内，受到破坏的植被便能恢复起来。在丘陵山地严重水土流失区，宜采用草灌先行的方法，加快植被覆盖。严重水土流失区且有干旱、瘠薄的特点，按照本区植被演替规律，应以最耐干旱、瘠薄、抗逆力强的草灌植物开始，随着草灌生长改善环境，再进一步发展乔木。

造林以造混交林为好，混交林有利于提高土壤肥力，树木生长较快，涵养水源能力强，群落稳定。营造方式最好按等高线营造带状或块状，整地方式以穴植、沟植为宜。林下种植灌草，形成乔灌草多层结构；增强水土保持功能。

坡度较大的坡耕地宜退耕还林还草，可发展用材林、果木林、经济林、药材、草等。退耕后农民的眼前利益会受到一些影响，但几年后收入将比种植农作物高出几倍至十几倍。

因丘陵顶部原有植被大部分被砍伐，水土流失极为严重，土层浅薄，肥力低下，因此整治利用的关键首先是迅速恢复地表植被，防止水土流失的加剧，以保护其下部的山地和农田的开发利用，具体以种植先锋树种、草种为主；丘腰原有植被已被破坏，仅存稀疏芒箕、桃金娘等草被，水土流失较丘顶轻土壤肥力和水分条件也较上部为好，因而适宜的树种较多，除考虑种植丘顶的树种外，还要种植当地的阔叶树种，并种植部分有较高经济效益的经济树种；丘麓果树、蔬菜、旱作带：本带坡度较缓，土层深厚，因此我们种植了经济效益极高的荔枝、沙田柚，其间间种短期即可收获的三华李等水果，同时还间种大豆、花生等旱作或者格拉姆柱花草（*Stylosanthes guianensis*）等牧草，或者瓜类及蔬菜，获得了极明显的经济效。

南方红壤丘陵区的水土流失分布具有明显的地域分异，这些分异规律取决于该区域内的土壤、地貌、气候、植被等自然条件和社会经济发展状况以及所面临的生态与环境问题。因此，在构建水土流失有效防治体系时，应在不同生态区划基础上确定不同的治理区，如自然修复区、预防保护区、防治并重区和重点治理区，以便实施"因区制宜，因类实施，因害设防，分类指导"，从而实现重点突破，按规划整体推进。

在水土流失区，要发展农业生产首先必须对水土流失进行治理，以防止水土流失的进一步加剧，保护水土资源，改善生态环境和生产条件。但是没有经济效益的治理措施，将不会受到农民的欢迎，也不符合持续农业的要求。因此在治理的同时必须进行保护性开发，把治理与开发协调地结合起来，而立体农业生态系统就为我们提供了最佳的治理与开发模式。可以根据不同的海拔高度、地貌类型、土壤侵蚀程度及肥力状况等，建立了不同层次的立体农业治理与开发带。在立体农业治理与开发带内，根据生态学的基本原理，进行多树种、多作物的间种混种，以取得明显的生态、经济效益。

第七节　加强基本农田建设

建议增加红壤资源保护和综合开发利用的投入。进一步深化农村改革，促进国家、集体和个人增加投入，特别是国家和地方政府应稳步增加对资源、生态环保、水土保持及水、电、路基础工程设施投资，提高水利灌溉能力，改善红壤丘陵山区的能源、交通环境。要增加科技投入，开发适用技术的研究与推广，尤其是区域生态农业持续发展体系、自然资源综合利用等方面加强研究和推广应用。要加大对外开放力度，全方位、多渠道积极引进外资，加快红壤资源开发利用的步伐，为广西生态农业、农村经济的持续发展作出新贡献。

根据农田生产中存在的问题，有针对性地进行农田基本建设，改善作物生长条件，对缺水、肥力差、土层薄的田块，进行挖沟引水，挖塘筑渠拦集雨水，探耕筑垅，增加土层等措施；对冷浸田，深挖排水沟，稻收后及时落干，从而改善农田的水汽、温度等环境条件。增加养分投入、调整肥料结构、推广平衡施肥技术，是广西今后迅速恢复、提高耕地和荒地土壤肥力及其农业综合生产力的重要措施。此外，应充分利用适宜的荒山荒丘资源，发展热带亚热带经济林果，特别是各种名特优稀农林产品，并在生产模式上改过去的分散型种植为集中的基地型拳头产品生产，发展规模商品生产模式，走"商品农业"的道路。

第八节　发展复合农林业

复合农林业是指在同一土地单元上，有意识地把树木或灌木与农作物以空间或时间序列结合起来，以便木本和非木本植物获得有效的生态和经济上的相互影响而建立的一种土地利用方式。中国科学院红壤生态站的试验表明：农林间作系统比纯林或作物单作，土壤氮、磷、钾全量及有机质均略有提高；土壤有效水含量增加了1%～2%；经济效益提高了29%～158%。复合农林系统通过林木的深根系利用深层土壤水分和养分，或者通过其死亡的根系等有机体改善土层间的毛管孔隙结构，有利于深层土壤水分的上行。但是有关树种的选择、林木与作物之间的关系，以及这种利用方式对红壤水分的调控机理仍有待进一步深入的研究。

有些旱作特别是果茶桑园，可进行混作和套作，形成多样化的复合农林业体系。这样，由于作物的组成多样性，既可增强农田抗病能力，又能提高农田自身的维持能力。

对沟谷、崩岗的治理，可采用上截下堵中绿化，种植竹类、杉树、桉树，油菜、油桐等或者间种上其他乔、灌木、草种子任其自然生长，小土坝台垒地种植混交林等措施。根据试验情况表明，茶树间种草带区，地面径流为 3.02%，泥沙流量仅为 1 170 kg/hm²；茶树行间沟坑相连区，地面径流为 6.22%，泥沙流失量为 3 045 kg/hm²，而自然坡度种茶树区的地面径流量达 45 750 kg/hm²。

一、在宜林区，建立以林为主的各种复合农林生态模式

在宜林区，建立以林为主的各种生态模式。试验区在宜林地区，根据坡地的坡度、坡向和地形，结合农村经济状况和市场需求，因地制宜逐步创建了多种生态模式。林林型是指针叶、阔叶树块状混交，常绿、落叶树块状混交，属开发坡地上部及红壤的先锋模式；林茶型如檫树与茶树、杉木与茶树，适合坡地中部；其次还有林竹、林农、林果、林果牧型等。将造林、农耕与养畜，多年生作物与一年生作物，草本作物与木本作物有机结合起来，营造红壤区良好的生态环境，缓解水土流失，实现农业的可持续发展。

25°以上的荒山坡地，通过植树造林，发展林业生产。要进行荒山绿化，制止乱砍滥伐，严防森林火灾，建立红壤区合理的生态系统，实行农、林、牧、经综合发展。以山养山，用地与养地结合。实行针叶林与阔叶林混合栽培，组成植被多层化，以更好地积累土壤养分。

红壤低丘陵区中，中幼龄林多，针叶纯林多和残次林多，单位面积林木蓄积量低，有计划地改变林相结构，改善营林技术十分必要。在这些林地中，应大力推行补植阔叶树种，增加灌草植被，优化群落结构，提高森林质量，增强其蓄水保土和抗御自然灾害的能力。改变不合理的传统营林方式，杜绝炼山全垦造林，提倡大穴、条带或块状造林。大力推广乔灌草结合，针阔混交的营林技术。在油茶林、毛竹林的垦复中，应积极推行横坡条带垦复技术，防止造成人为水土流失。

　　"立体种植模式"是红壤开发利用与退化治理的方向，应在红壤退化地区示范和推广。广西山区地势较高，地层不稳定，地形地貌复杂多样，因此适宜采用立体种植模式。即以水土保持为核心，兴建高标准基本农田，建设多林种、多种作物、多层次的立体种植生态经济系统，其技术措施是：一方面根据地貌形态特征，在不同层次采取工程与生物措施并举。即山顶造林，形成水土保持的第一防线，山坡整地造林种草，并开发成层层的水果带，大力发展药、茶、果等经济林木，在经济林木空地套种西瓜、豆类、花生等作物，中间间作辣椒、茄子等矮秆作物，栽上玉米或藤本作物，形成立体套种结构，构成水土保持的第二道防线，山脚一般为农田和蓄水塘池，形成整体的绿色防御体系。在配置上，选择具有共生互利作用的物种组合，利用果—草—牧、果—绿肥—土壤、果—豆科作物等模式，提高人工植物群落对资源的利用效能。同时，利用物种间平衡制约的关系及物理气候因素上的相互保护关系，提高群落及其系统的稳定性和抗灾能力。此外，山地果园套种牧草，不仅可有效防治水土流失，培肥地力，提高果品产量与品质，还能利用牧草发展草食性动物，并由此带动饲料加工等一系列产业的发展，有利于引导山地农业发展向开发和保护相结合的方向发展，这既保持了水土，增强了生态系统的自我调节能力，又提高了农民的收入，促进区域经济的持续发展。

二、因地制宜开展广西植物篱创新模式研究与示范应用

　　采取等高植物篱拦截法。根据植物篱带间土壤淤积原理，试验区将经多年引种与筛选出的适合红壤生长的植物篱优良品种引入红壤坡地，利用不同方式进行防止水土流失试验，结果表明在坡度为 8°15′的红壤坡地上，植物篱带的间距 12 m，可以减少红壤坡地土壤流失量 38%～67%，将土壤流失量控制在红壤允许侵蚀量 300 t/km² 以内。其中在 5 年生果园中，植物篱可拦截坡地土壤 18～25 t/km²；能减少土壤侵蚀率达 38%～43%；5 年生竹园中植物篱拦截

的土壤为 6 t/km²，可减少土壤侵蚀率 54%；而在年耕作的旱地上植物篱能拦截土壤达 824 t/km²，能减少土壤侵蚀率达 67%；对未利用的荒坡地植物篱可拦截坡地土壤 228 t/km²，可减少土壤侵蚀率达 64%。此法效果显著、简单实用，是一项值得推广的控制坡地水土流失技术。

第九节　恢复与重建红壤植被生态系统

　　重建森林植被群落，首先应考虑具有耐旱、耐瘠、粗生、快长特性的植物，建立先锋群落。当生态环境得到初步改善后，即种植本地的"当家树种"，建立一个基本稳定的植被群落。从而依靠生物本身的自我支持和调节作用，逐步提高土壤肥力，改善生态环境。

　　先锋群落的建立作为先锋树种应具有光合速率较高、蒸腾系数较小等生理特点或者具有根瘤、菌根性状，这些树种抗逆性较强、水分利用率高、生长快速。因此我们主要选择了具有菌根的湿地松、马尾松（*Pinus eltiotii*）等；以及大叶相思、台湾相思（*Acacia richii*）、肯氏相思（*Acacia cunninghamh*）、绢毛相思（*Acaciahotosericea*）等；耐旱的香根草（*Verbena zizanioides*）、糖蜜草（*Milinis minutijora*）等，并且实行针阔叶混交，乔灌草相结合。这些先锋树种的表现均好，基本上做到了当年种植当年覆盖，都有效地控制了水土流失，同时还提高了土壤肥力。据测定，大叶相思与马尾松混交林的枯枝落叶量是纯马尾松林的 8～3 倍；采集 0～20 cm 表土进行分析，结果大叶相思与马尾松混交林的土壤有机质含量为 6.8 g/kg，垒氮含量为 0+29 g/kg，而与其相邻的光板地土壤有机质含量为 37 g/kg，垒氮含量为痕迹，这充分说明豆科阔叶树种与针叶树种混交对提高土壤有机质和全氮含量的作用极为明显。

　　建立稳定的森林植被群落水土流失区先锋群落的作用在于快速覆盖地表，控制水土流失，初步改善生态环境。但其树种多为引进的，在五华县国土治理与开发综合试验区，它们多表现为前期生长情况良好，4～5 年之后就出现了退化现象，并且受寒潮的影响较大，因而其作用也就变得有限了。因此，在建立先锋群落之后要及时地间种当地的"当家树种"，选择的依据是南亚热带常绿阔叶林的优势种类。如红锥（*Castanopsis hystrix*）、黎朔（*Casta"opsis fld*）、荷术（*Schna superba*）、红荷术（*Schima uauichii*）、黄槿（*Hibiscustiliaceus*）等。只有这样才能建立一个稳定的森林植被群落，以更长久有效地控制水土流失。保护生态环境，为整个水土流失区的农业持续发展提供保障。

依据广西的地表结构及土壤状况，植被生态系统的恢复与重建包括生态林业建设、毛竹低产林改造、油茶低产林改造名优特种经济林开发、三难地改造、封山育林六个方面，其中生态林建设，主要集中在水土流失严重、地质条件不稳定的山区地带；毛竹低产林改造主要在衡山、衡东、常宁、耒阳和祁东 4县（市）实施，近几年，该 4 县（市）对毛竹进行部分改造，在防治红壤生态系统退化方面起到一定的效果；名优特种经济林建设主要在全市各区、县的岗山地坡度平缓，立地条件及水肥条件较好的地方实施，主要品种以良种板栗、脐橙、柑橘、香柚、白果、红枣、水晶梨、腾稔葡萄及奈李等为主；油茶低产林改造主要在衡阳、衡东、常宁、耒阳 4 个油茶县（市）实施。如果能不断地坚持这六个方面的森林建设，就能对保持红壤生态系统平衡产生显著的效应。为了实施六个方面的林业建设，建议采取如下措施。

强化规范管理，科学造林。各级政府部门应统一组织领导，统一规划布局，统一技术指导。在广大的农村应实行植树造林的责任承包制，把荒山、荒地承包给农产，坚持分户营造、分户管理、分户受益，以及高产、优质、低耗的原则，对人工林进行多树种、针阔混交的改造，尽快提高森林覆盖率；对天然次生林做适度调整，引进珍贵树种，提高经济效益；在贫困地区，全面启动绿色扶贫工程，动员承包农产科学植树。

第十节　建立红壤长期定位观测站

广西红壤区同其他地区一样，生态环境恶化问题不容忽视。近几年来，森林覆盖率虽有提高，水土流失状况有一定程度改善，但不少地区还是"远看绿油油，近看水土流"。特别是"三废"和化肥、农药污染有增无减，生态环境仍在恶化。因此，首先必须注意提高耕地质量，防治土地退化。主要措施是推广平衡施肥，控制氮肥损失，提高磷肥利用率，补充钾肥。防治酸化与重金属污染，并把合理开发利用、综合治理和保护生态环境工作结合起来。一是建议科技部、农业部和林业部以及有关政府职能部门建立健全省、县二级土肥检测、环境监测预警体系。要明确省、县二级土肥检测机构职责和分工，省级重点是满足耕地质量调查和科学施肥需要的土壤理化性状和农业生态环境建设的土壤微量元素、重金属、残留、农产品品质等项目的分析；县级主要承担土壤肥力和土壤环境监测的土壤、肥料常规项目分析和部分土壤微量元素分析以及土壤物理性状分析。在运作上，二级监测机构要职责衔接，目标明确，功能齐全，整体联动，形成有效的动态检测体系。二是建立土壤地力（质量）监测网络。在网络节点的设置上，要根据不同农业区划和地貌类型、不同种植制度，设立长期定位监测点、动态监测点与试验区。在管理方式上，要采取统一布局，一次抽取、分级管理、分级负责的方法，省、县二级各负其责，定期监测，动态管理，定期发布土壤地力（质量）报告或白皮书，为各级政府和农业部门提供第一手的决策依据，为科学施肥、培肥地力提供数字化分析报告。三是建立耕地质量管理信息系统。主要是应用 GIS 技术，对地形、地貌、土壤、土地利用、农田水利、土壤污染、农业生产基本情况、基本农田保护区等资料进行统一管理，构建耕地质量管理信息系统，并跟踪时空变化，实施动态管理。

参考文献

[1] 熊毅，李庆逵. 中国土壤，2 版. 北京：科学出版社，1987.

[2] 赵其国，等. 红壤物质循环及其调控. 北京：科学出版社，2002.

[3] 赵其国，等. 中国东部红壤地区土壤退化的时空变化、机理及调控. 北京：科学出版社，2002.

[4] 赵其国，等. 江西红壤. 南昌：江西科学技术出版社，1988.

[5] 张桃林. 中国红壤退化机制与防治. 北京：中国农业出版社，1999.

[6] 何园球，孙波，等. 红壤质量演变与调控. 北京：科学出版社，2008.

[7] 孙波，等. 红壤退化阻控与生态修复. 北京：科学出版社，2011.

[8] 广西土壤肥料工作站. 广西土壤. 南宁：广西科学技术出版社，1994.

[9] 赵其国，黄国勤. 广西农业. 银川：黄河出版传媒集团·阳光出版社，2012.

[10] 赵其国，吴志东，张桃林. 我国东南红壤丘陵地区农业持续发展和生态环境建设.土壤，1998（4）：169-177.

[11] 赵其国，王明珠，何园球. 我国热带亚热带森林凋落物及其对土壤的影响.土壤，1991（1）：8-15.

[12] 赵其国. 我国红壤的退化问题.土壤，1996，28（6）：281- 285.

[13] 赵其国，黄国勤. 广西农业：机遇、成就、问题与战略. 农学学报，2011，1（3）：1-8.

[14] 黄国勤. 我国南方红黄壤地区农业生态问题及对策. 国土与自然资源研究，1992，4：24-27.

[15] 黄国勤. 开发红壤资源发展"三高"农业. 中国人口·资源与环境，1994，4（增刊）：64-68.

[16] 地质部情报研究所. 矿物岩石的可见——中红外光谱及其应用（遥感专辑）.北京：地质

出版社，1978.

[17] 黄玉溢，林世如，杨心仪，等. 广西土壤成土条件与铁铝土成土过程特征研究. 西南农业学报，2008，21（6）：1622-1625.

[18] 李燕丽，潘贤章，周睿，等. 长期土壤肥力因子变化及其与植被指数耦合关系. 生态学杂志，2013，32（3）：536-641.

[19] 王莉霞，陈同斌，宋波，等. 广西环江流域硫污染农田的土壤酸化与酸性土壤分布. 地理学报，63（11）：1179-1188.

[20] 徐彬彬. 土壤剖面的反射光谱研究. 土壤，2000，32（6）：281-287.

[21] 周清湘，张肇元. 广西土壤肥料史. 南宁：广西科学技术出版社，1992.

[22] 朱永官，罗家贤. 我国南方一些土壤的钾素状况及其含钾矿物. 土壤学报，1994，35（4）：430-437.

[23] 刘永贤. 农业生态区域化产业带在广西的发展前景分析. 广西农学报，2009，24（4）：91-93.

[24] 何江华. 赤红壤水土流失区发展持续农业的存在问题及对策. 热带亚热带土壤科学，1994，4（4）：253-259.

[25] 王明珠. 低丘红壤区农业生态经济系统演替与对策——以江西省鹰潭市为例. 生态农业研究，1998，6（4）：57-59.

[26] 邵希澄，王明珠. 低丘红壤区生态环境变化与对策——以赣东北余江县为例. 土壤，1994（6）：310-313.

[27] 马跃纲. 低丘红壤开发对水土保持的影响及对策. 浙江师范大学学报（自然科学版），1999，22（增刊）：142-143.

[28] 余金凤. 福建沿海赤红壤旱地生产存在问题与对策. 1996，（5）：34-35.

[29] 林万树. 古田县山地红壤开发存在问题及治理对策. 上海农业科技，2005（5）：19-20.

[30] 林兰稳，郑煜基，罗薇，等. 广东红壤赤红壤荔枝园土壤肥力状况及改良对策. 热带亚热带土壤科学，1998，7（4）：334-336.

[31] 孙传华，周卫军，郭海彦. 红壤稻田系统的施肥问题及对策. 湖南农业科学，2005（2）：49-52.

[32] 王鹤章. 红壤地球化学特征及其开发利用对策. 闽西科技, 1992（10）: 16-18.

[33] 刘杰, 张杨珠. 红壤地区土壤退化与恢复重建研究（Ⅱ）退化红壤的防治对策. 湖南农业科学, 2010（7）: 62-66.

[34] 王凯荣, 谢小立, 周卫军, 等. 红壤丘岗坡地农业开发利用的问题与对策. 农业环境保护, 2000, 19（5）: 278-281.

[35] 曹学章, 张更生. 红壤丘陵脆弱生态环境的形成与整治对策. 农村生态环境, 1995, 11（4）: 45-45.

[36] 刘兰芳. 红壤丘陵区生态退化的原因及生态恢复对策——以湖南省衡阳市为例. 安徽农业科学, 2008, 36（12）: 5161-5162.

[37] 董越勇. 红壤区域性开发治理与永续利用的培肥措施. 浙江农业科学, 2004, 4: 228-230.

[38] 刘光正, 潘江平, 岳军伟. 江西红壤低丘水土流失发生规律和防治对策. 江西林业科技, 2008, 4: 7-9.

[39] 黄强, 魏际新, 吴锦艳. 江西红壤丘陵区发展持续农业的对策. 江西师范大学学报（自然科学版）, 1999, 23（1）: 84-90.

[40] 陈芳. 闽北山区红壤资源利用模式探讨. 亚热带水土保持, 2006, 18（2）: 43-44.

[41] 梁音, 杨轩, 潘贤章, 等. 南方红壤丘陵区水土流失特点及防治对策. 中国水土保持, 2008, 12: 50-53.

[42] 盛良学, 贺喜全, 徐国强. 南方红壤低丘岗区农田种植结构调整对策及配套技术研究. 耕作与栽培, 2002, 4: 7-8, 36.

[43] 陈爱瑞. 生态农业道路的选择与探索——浙江低丘红壤区土地资源利用与可持续发展对策研究. 财经论丛, 2004, 111（5）: 19-23.

[44] 桂美根. 皖南红壤低产原因及改良措施初探. 芜湖职业技术学院学报, 2001, 3（3）: 75-76, 79.

[45] 郭熙盛. 皖南黄红壤改良的对策与措施. 安徽农业科学, 1999, 27（1）: 28-30.

[46] 杨艳生. 我国南方红壤流失区水土保持技术措施. 水土保持研究, 1999, 6（2）: 117-120.

[47] 陈建军, 张乃明, 秦丽, 等. 昆明地区土壤重金属与农药残留分析. 农村生态环境, 2004, 20（4）: 37-40.

[48] 黄文校，滕冬建，聂文光，等.广西耕地土壤质量调查与评价.广西农业科学，2006，37（6）：703-706.

[49] 江泽普，韦广泼，蒙炎成，等. 广西红壤果园土壤酸化与调控研究. 西南农业学报，2003，16（4）：90-94.

[50] 江泽普，韦广泼，田忠孝. 红壤果园土壤培肥盆栽模拟试验研究. 广西农业科学，2003，2：30-32.

[51] 江泽普，韦广泼，蒙炎成，等. 广西红壤果园土壤肥力退化研究.土壤，2003，35（6）：510-517.

[52] 李忠佩，程励励，林心雄. 退化红壤的有机质状况及施肥影响的研究. 土壤，1994，26（2）：70- 76.

[53] 刘杰，张杨珠. 红壤地区土壤退化及恢复重建研究（Ⅰ）红壤的退化. 湖南农业科学，2009，（4）：44-51.

[54] 卢远，华璀，周兴. 广西土壤侵蚀敏感性特征及防治建议. 中国水土保持，2006（6）：36-38.

[55] 鲁如坤，时正元，退化红壤肥力障碍特征及重建措施——退化状况评价及酸害纠正措施. 土壤，2000，32（4）：198-209.

[56] 陆申年. 发展土壤科学提高土壤生产力. 广西农业大学学报，1992，11（3）：43-47.

[57] 齐之尧，叶楝，黎焕琦. 广西部分地区土壤侵蚀及防治对策. 广西植物，1982，2（1）：37-39.

[58] 谭宏伟，广西赤红壤区的资源优势、问题与科工农贸综合开发. 广西农业科学，2003，增刊（2）：22-24.

[59] 王莉霞，陈同斌，宋波，等. 广西珠江流域硫污染农田的土壤酸化与酸性土壤分布. 地理学报，2008，63（11）：1179-1188.

[60] 曾希柏. 红壤酸化及其防止. 土壤通报，2000，31（3）：111-113.

[61] Dematte J.A.M，Camposa R.C.，Alvesb M.C.，Fiorioa P.R.，Nanni M.R.，2004. Visible-NIR Reflectance：A New Approach on Soil Evaluation. Geoderma，121（1-2）：95112.

[62] STONER E.R.，BAUMGARDNER M. F.，1981. Characteristic Variations in Reflectance of Surface Soils. Soil Sci. Soc. Amer. J. 45（6）：1161-1165.